5G技术
实践宝典

本书获教育部产学合作协同育人项目和
深圳技术大学教材出版项目共同资助

U0160265

5G物联网
端管云实战

■ 宁磊 潘晶◎编著 相韶华◎审

Practice of 5G Internet of Things:
from the End to Cloud

人民邮电出版社
北京

图书在版编目（ＣＩＰ）数据

5G物联网端管云实战 / 宁磊，潘晶编著. -- 北京：
人民邮电出版社，2022.12（2023.9重印）
ISBN 978-7-115-58840-1

Ⅰ．①5… Ⅱ．①宁… ②潘… Ⅲ．①第五代移动通信
系统②物联网 Ⅳ．①TN929.538②TP393.4③TP18

中国版本图书馆CIP数据核字(2022)第040810号

内 容 提 要

本书系统介绍了 5G 物联网端管云协同设计理念，主要内容包括基于 STM32 单片机的感知终端开发、基于 5G NB-IoT 和 NR 的感知数据处理与传输、采用公有云和自建云的物联数据存储与 Grafana 可视化平台，最后通过 4 个典型的物联网综合应用和两个物联网竞赛获奖实战案例，助力读者掌握面向端管云协同设计的物联网应用项目开发。

为提高学习效率与增强使用效果，本书为 5G NB-IoT 感知数据处理部分提供了完整的操作步骤和源代码。本书适用于物联网应用开发者实战指导参考，也可作为高等院校物联网领域相关课程的实践指导书。

◆ 编　著　宁　磊　潘　晶
　　责任编辑　代晓丽
　　责任印制　马振武
◆ 人民邮电出版社出版发行　　北京市丰台区成寿寺路 11 号
　　邮编　100164　　电子邮件　315@ptpress.com.cn
　　网址　https://www.ptpress.com.cn
　　北京七彩京通数码快印有限公司印刷
◆ 开本：700×1000　1/16
　　印张：14.25　　　　　　　　2022 年 12 月第 1 版
　　字数：280 千字　　　　　　2023 年 9 月北京第 3 次印刷

定价：119.80 元

读者服务热线：(010)81055493　印装质量热线：(010)81055316
反盗版热线：(010)81055315
广告经营许可证：京东市监广登字 20170147 号

谨以此书献给我们的"初一"宝宝

—— 宁恺中

前　言

随着网络技术和微电子技术的快速发展，网络世界逐渐从人与人的连接扩大到人与物以及物与物的连接。物联网的爆炸式增长扩展了网络的连接性和数据的交换方式，从可穿戴设备到工业生产设备，这些联网的设备可以快速感知环境信息、被远程控制以及自我决策和采取行动。

以长期演进（Long Term Evolution，LTE）技术为基础，面向广域物联网应用而设计的窄带物联网（Narrow Band Internet of Things，NB-IoT）系统已作为第五代移动通信技术（5th Generation mobile networks，5G）商用的低速率、大连接场景的技术方案，正式成为 5G 家族成员之一。近年来，我国逐步加大对 NB-IoT 发展政策的支持力度，在技术、市场、政策的导向下，NB-IoT的产业化发展迅猛。智慧消防、智慧停车、智慧照明、智慧水务等诸多应用场景纷纷出现。2017 年，全球首个 NB-IoT 智慧水务规模化商用。随着 2020年 5G 新基建号角的吹响，我国 5G 网络建设已走在世界前列，具有全面的5G 增强型移动宽带（enhanced Mobile Broadband，eMBB）和 NB-IoT 网络覆盖能力，为经济社会各领域基于 5G 的数字化转型、智能升级和融合创新提供坚实的支撑。

为进一步丰富 5G 物联网应用，助力研究人员、工程技术人员以及高等院校师生对 5G 物联网技术面向行业应用的端管云协同设计的理解，作者编写了本书。本书系统介绍了 5G 端管云协同设计理念，包括感知终端开发、感知数据处理与传输、云平台数据存储与可视化，最后提供了综合应用实战案例，帮助读者提升基于端管云协同设计理念的物联网应用研发能力。

第 1 章介绍的是 5G 物联网端管云协同理念，围绕低功耗广域网和 5G 新空口（New Radio，NR）技术的起源与发展展开，进而介绍了 5G NB-IoT 和 NR的关键技术和行业应用，最后引入 5G 端管云和边的协同设计理念。第 2 章到

第 6 章分别介绍了 5G NR 的感知终端开发、感知数据处理、感知数据传输、云平台的数据存储设计和云平台的数据可视化设计。第 7 章和第 8 章分别以 5G NB-IoT 和 5G NR 为传输技术，面向 5G 物联网典型的行业应用阐述实战方法。第 9 章介绍了在 2020 年全国大学生物联网设计竞赛中作者指导的两个获奖创新设计实例，分别为远程电梯呼叫系统和人–物协同一体化管理系统，为读者进行基于 5G 的创新应用设计提供参考。

全书的编写工作由宁磊整体负责，潘晶编写第 1 章，宁磊编写第 2 章至第 9 章，相韶华审阅了全书并提出了宝贵的修改意见。参加本书编写的人员还包括罗泽彬、洪启俊、林昕泽、钟瀚、郑桐毅、余聪莹、巢炜文、何锴涛、叶泽雄、叶钦煜、严若轩等。

本书的编写得到了来自深圳技术大学、中国移动通信集团广东有限公司深圳分公司、南京小熊派智能科技有限公司、中智讯（武汉）科技有限公司和深圳云博智联科技有限公司等单位同行的大力支持，作者在此深表感谢。特别地，作者对华为技术有限公司 NB-IoT 和"230"解决方案算法团队的全体成员表示敬意，昔日与大家不舍昼夜努力奋斗的精神一直激励着作者坚持写作，最终完成本书。

由于作者水平有限，书中难免存在不足之处，欢迎读者批评指正。

作 者

2021 年 5 月

目 录

第1章

5G 物联网端管云协同概述

　　未来由网络构成的数字世界将占据我们生活的很大一部分，"万物互联"的美好愿景也将不再是梦想，物联网（Internet of Things，IoT）技术正在持续地改善我们的生活方式。物联网是一个基于广义计算机网络等信息载体，让所有能被独立寻址的普通物理对象实现互联互通的网络。物联网概念的正式定义源于 2005 年国际电信联盟（International Telecommunication Union，ITU）发布的《ITU 互联网报告 2005：物联网》。在这张万物互联的庞大网络上，所有智能设备可以在任何时间、任何地点与人或对等的智能设备进行连接、管理及数据交互。物联网技术的诞生和发展，极大地扩展了人类的感知范围，提供了除人与人外，人与物、物与物之间的全新信息交互方式。

　　中国作为人口大国，其物联网市场的发展具有广阔的空间，根据国际数据公司（International Data Corporation，IDC）在 2021 年关于中国物联网连接规模的预测，到 2025 年，预计有超过 100 亿台机器对机器（Machine to Machine，M2M）和消费电子设备，将通过 Wi-Fi 和蓝牙（Bluetooth）等短距离和基于蜂窝技术的广域网（Wide Area Network，WAN）长距离无线电技术进行通信[1]。

　　低功耗广域网（Low Power Wide Area Network，LPWAN）技术是物联网应用的新兴传输网络技术之一，具有广泛的覆盖范围、长电池寿命和低数据速率等特点[2]。值得注意的是，作为 LPWAN 技术的代表，窄带物联网（Narrow Band

Internet of Things，NB-IoT）占据了物联网市场非常大的应用比例。2016 年，NB-IoT 的主要标准冻结，主流运营商开始对其大规模推广应用。2017 年，工业和信息化部（以下简称工信部）发布《关于全面推进移动物联网（NB-IoT）建设发展的通知》，提出建设广覆盖、大连接、低功耗移动物联网（NB-IoT）基础设施，发展基于 NB-IoT 技术的应用。2020 年 5 月，工信部办公厅发布《关于深入推进移动物联网全面发展的通知》，在该通知的网络建设工作建议中，明确提出"按需新增建设 NB-IoT 基站"。

NB-IoT 技术虽然始于后 4G 时期，但是在 2020 年 7 月，国际电信联盟正式接纳 NB-IoT 成为 5G 大规模机器类型通信（massive Machine Type Communication，mMTC）的低功耗解决方案。为了更好地支持增强型移动宽带（enhanced Mobile Broadband，eMBB）和超可靠低时延通信（ultra-Reliable and Low Latency Communication，uRLLC）场景，5G 同时引入了新空口（New Radio，NR）技术。5G 无线网络将支持容量千倍的增长，连接至少 1 000 亿台设备，以及 10 Gbit/s 的个人用户体验，极低的时延和响应时间。2020 年，5G 网络部署陆续在全球范围开展。

本章介绍的是 5G 物联网端管云协同设计理念，围绕低功耗广域网和 5G NR 网络的起源与发展展开，进而介绍 5G NB-IoT 和 5G NR 的关键技术和行业应用，最后引入 5G 物联网端管云的协同设计理念。

1.1 低功耗广域网的起源与发展

LPWAN 的技术特点是传统短距离无线物联网应用场景的延伸。LPWAN 技术具有更广的覆盖范围，节点终端功耗低，网络结构简单，运营维护成本较低。尽管 LPWAN 的数据传送速率相对较低，但是已经能够满足远程抄表、智慧农业、资产跟踪、共享单车等小分组数据不频繁上报的应用场景，并且低功耗和广覆盖的特点能够使其部署和维护成本降低很多，因此低功耗广域网市场被认为是未来蜂窝物联网市场重要的发展方向。

图 1-1 所示为物联网无线通信技术的通信速率与覆盖范围的关系。从传输距离来划分，物联网无线通信技术可以分为短距离无线通信技术和低功耗广域网无线通信技术。短距离无线通信技术又可分为 ZigBee、Wi-Fi、Bluetooth、Z-wave 等，主要在智能家居、智能建筑等领域有较好的应用。

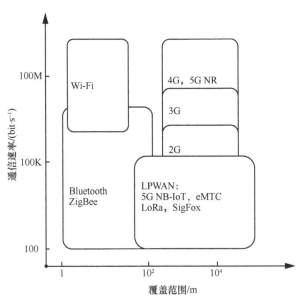

图 1-1　物联网无线通信技术的通信速率与覆盖范围的关系

　　低功耗广域网无线通信技术按照频段授权与否来划分，包括工作于未授权频段的远距离无线电（Long Range Radio，LoRa）、SigFox、随机相位多址接入（Random Phase Multiple Access，RPMA）等技术，以及工作于授权频段下的 NB-IoT、增强型机器类型通信（enhanced Machine-Type Communication，eMTC）和全球移动通信系统（Global System for Mobile Communications，GSM）向物联网演进的技术[例如扩展覆盖 GSM-IoT（Extended Couerage-GSM-IoT，EC-GSM-IoT）]等。授权频段下的低功耗广域网最大的特点是可以复用现有蜂窝基站，通过网络升级即可进行大规模的覆盖。表 1-1 对低功耗广域网无线通信技术参数进行了对比。

表 1-1　低功耗广域网无线通信技术参数对比

指标	NB-IoT	HaLow	SigFox	LoRaWAN	RPMA
频带	蜂窝	1 GHz 以下	868/902 MHz	433/868/780/915 MHz	2.4 GHz
信道宽度	180 kHz	1/2/4/8/16 MHz	超窄带	8×125 kHz（欧洲）、64×125 kHz/8×125 kHz（美国）、Chirp 扩频（调制）	1 MHz（40 个频道可用）
覆盖范围	2.5～5 km	1 km（室外）	30～50 km（农村）、3～10 km（城市）、1 000 km（视距条件下）	2～5 km（城市）、15 km（农村）	大于 500 km（视距条件下）

（续表）

指标	NB-IoT	HaLow	SigFox	LoRaWAN	RPMA
终端节点传输功率	20 dBm	0～30 dBm	−10～20 dBm	小于 14 dBm（欧洲） 小于 27 dBm（美国）	20 dBm
分组长度	100～1 000 Byte	7 991～65 535 Byte	12 Byte	用户定义	6～10 000 Byte
上行数据速率	约 55 kbit/s	150 kbit/s～346.666 Mbit/s	100 bit/s、每天 140 条消息	300 bit/s～50 kbit/s（欧洲）、900 bit/s～100 kbit/s（美国）	624 kbit/s
下行数据速率	约 40 kbit/s	150 kbit/s～346.666 Mbit/s	最大每天 8 Byte 4 条消息	300 bit/s～50 kbit/s（欧洲）、900 bit/s～100 kbit/s（美国）	156 kbit/s
每个接入点的设备	超过 20 000 个	8 191 个	1 000 000 个	上行大于 1 000 000 个，下行小于 100 000 个	384 000 个
拓扑结构	星形	星形、树形	星形	星形	星形、树形
主要推动者	3GPP	IEEE 802.11 工作组	SigFox 公司	LoRa 联盟	Ingenu

1. 免授权频段

（1）LoRa 技术

LoRa 是低功耗局域网无线标准，该技术主要集中在美国 Semtech 公司，由 Semtech 公司研发。除自产 LoRa 芯片之外，该公司也授权其知识产权给其他企业，并在全球范围内成立了广泛的 LoRa 联盟。LoRa 可以看作将 ZigBee 技术的通信覆盖距离进行扩展增加，以适应广域连接的要求。LoRa 模块成本极低，具备功耗低、易于建设和部署、免授权频段节点的优点。相比 NB-IoT，LoRa 覆盖面更广且成本相对更低，支持灵活组网，但是随着设备和网络部署的增多，系统带内干扰情况加重；而且，技术过于集中不利于产业发展，布局 LoRa 还需要自建网络基础设施。

（2）SigFox 技术

SigFox 在 2012 年被 Semtech 公司收购。与 LoRa 不同的是，Semtech 公司针对 SigFox 采用免费专利授权策略，其他同行不需要授权就能生产 SigFox 芯片。2017 年就已经有超过 71 家设备制造商、49 家物联网平台供应商、8 家芯片厂商、15 家模块厂商、30 家软件和设计服务商加入该生态系统。SigFox 具有传输距离远、功耗低的特点。2021 年，该系统已经在全球 75 个国家进行了部署，覆盖人数超过 13 亿，覆盖面积超过 600 万 km^2，具备全球性网络服务的能力。但是，SigFox 传输速率仅为 100 bit/s，并且其成本仍比 LoRa 高。

（3）RPMA 技术

RPMA 技术由美国 Ingenu 公司开发。在 RPMA 终端和基站的共同运作下，用户可以管理他们通信的容量、数据速率和范围。RPMA 基站的网络覆盖能力极强，覆盖美国和欧洲大陆分别只需要 619 个基站和 1 866 个基站，可极大地降低物联网的建设及运营成本。RPMA 系统容量大，在设备每小时传输 100 字节信息的业务模型下，采用 RPMA 技术可接入 24.9 万台设备。另外，RPMA 采用全球统一的频段，可实现全球漫游；具备双向通信，可通过广播的方式对终端设备进行控制或升级。

（4）Weightless 技术

Weightless 技术标准由 ARM 和 Neul 推动，主要在欧洲国家应用。其标准体系的演变包括 3 个子集，即用于低功耗广域网应用的 Weightless-P、用于宽带物联网应用的 Weightless-W 和用于超窄带应用的 Weightless-N。Weightless 支持 Sub-1 GHz 频段的全部频段，包括工业的、科学的、医学的频段和授权频段。

（5）HaLow 技术

2010 年，电气与电子工程师协会（Institute of Electrical and Electronics Engineers, IEEE）在 Wi-Fi 技术发展蓝图上规划 802.11ah 标准。该标准采用 1 GHz 以下的低频频段，可实现低功耗、长距离无线网络连接。2016 年 1 月，802.11ah 标准正式命名为 HaLow。HaLow 使用 1 GHz 以下不包含空白电视信号频段（Television White Space，TVWS）的免授权频段，频道带宽分别为 1/2/4/8/16 MHz，传输速率至少为 1 Mbit/s，传输距离最长可达 1 km。2016 年 12 月，802.11ah Draft 9.0 完成标准委员会核定程序。2021 年，Wi-Fi 联盟发布了针对 Halow 技术的设备认证标准，IDC 研究员预计 Halow 芯片在 2022 年出货量将超过 1 千万。

2. 授权频段

（1）NB-IoT 技术

NB-IoT 是一种从蜂窝物联技术向 LPWAN 过渡发展的技术，是在现有蜂窝通信的基础上为适应低功耗广域物联需求所做的改进，由移动通信运营商和设备商推动发展。NB-IoT 技术基于蜂窝网络，单个资源块带宽只有 180 kHz（版本升级后支持多个资源块共同传输），可直接部署于 GSM、通用移动通信系统（Universal Mobile Telecommunications System，UMTS）或者长期演进技术（Long Term Evolution，LTE）网络。在性能方面，NB-IoT 覆盖广，是 GSM 覆盖范围的 10 倍。NB-IoT 的室内覆盖能力强，比 LTE 提升了 100 倍区域覆盖能力。在终端具有小分组不频发的业务模型情况下，NB-IoT 可以比现有无线技术提供 50～100 倍的接入数。该技术适合对功耗要求低、对穿透性和成本要求比较高的领域。作为 LPWAN 按照频段授权与否划分的两种技术的典型代表，关于 NB-IoT 和 LoRa 的比较已有很多讨论，主要是技术参数的对比。从 LPWAN 的各个协议标准中，很难单一从技术层面评价两种技术的高低，而且它们在市场上具有一定的互补性。如果抛开技术参数比较，NB-IoT 工作在授权频段、频段安全性高、抗干扰能力强、服务质量有保障，而且对部署现场的空间结构、电源供应、运营商广域网络接入等无较高要求，网络部署成本较低。其可以通过升级现有的蜂窝网络基站来提供网络部署，比 LoRa 更方便，但是缺少网络自主性，因为 NB-IoT 对运营商的支持过于依赖，所以 NB-IoT 必须由运营商来部署。NB-IoT 模块现在成本仍较高，随着使用量的增加，未来其成本将会降低。目前 NB-IoT 是中国比较主流的广域物联网技术。

（2）eMTC 技术

eMTC 由 LTE 协议演进而来，侧重物与物之间的通信需求。eMTC 使用 LTE 技术体制的 800/900/1 800/1 900/2 100 MHz 等公众移动通信频段，1 447～1 467 MHz和 1 785～1 805 MHz 等专用通信频段，其下行峰值速率可达 1 Mbit/s，是低功耗物联网中传输速率最高的一种。同时，它弥补了 NB-IoT 技术不可定位和不支持语音的缺陷，特别适用于智能物流、智能可穿戴设备、智能充电桩、智能公交站牌、公共自行车管理等需要定位和语音的应用场景。

（3）EC-GSM-IoT 技术

EC-GSM-IoT 是 GSM 向物联网演进的技术，其特点是通信可靠、安全，可与 GSM 混合部署，不需要额外的频段资源。不过，GSM 终端的峰值功耗超过4 W，对电池的要求较高。同时，独立部署 EC-GSM-IoT 需要的最小组网频段是 2.4 MHz，运营商规划频段难度大，很多运营商已决定 GSM 退网，所以该技术的产业链前景目前并不明朗。

目前，低功耗广域网的各种标准都在开拓市场。其中，NB-IoT 和 eMTC技术在政府和运营商的共同推动下呈现先机之势；同时，LoRa、RPMA 等免授权频段也在一些垂直领域开始落地。可以预见的是，至少在未来相当长一段时间内，支持授权频段和免授权频段的低功耗广域网技术将并存。未来或将形成1～2 个主流技术、多个针对特殊应用场景的补充技术的局面。

近年来，我国政府加强对集成电路产业的战略支持，但是国内进口芯片和出口芯片之间的逆差仍十分明显。我国半导体行业正面临严重缺"芯"的问题。除了华为技术有限公司（以下简称华为）主导的 NB-IoT 之外，其他的低功耗物联网的核心技术仍掌握在国外企业中。中国市场上的 LoRa、SigFox 等芯片主要依靠进口。NB-IoT 在中国的发展归功于多方努力，不仅有华为作为企业方面的带动，政府的扶持和运营商的布局也将进一步推动 NB-IoT 成为中国市场的主流低功耗广域网解决方案。

图 1-2 和图 1-3 分别所示为 NB-IoT 技术在 2013—2015 年和 2016—2020 年的主要演变历程[3]。

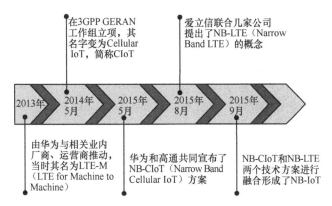

图 1-2　NB-IoT 技术在 2013—2015 年的主要演变历程

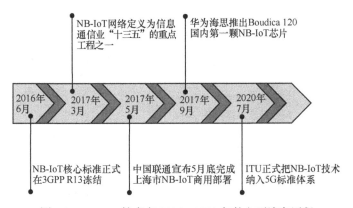

图 1-3　NB-IoT 技术在 2016—2020 年的主要演变历程

从图 1-2 可知，2013 年初名为 LTE-M 的技术，到 2014 年 5 月 3GPP GERAN 工作组立项改名为 CIoT，再到 2015 年 5 月华为和高通共同宣布了 NB-CIoT 方案；同年 8 月，爱立信与几家公司共同提出了 NB-LTE 概念；9 月，NB-CIoT 和 NB-LTE 融合成为 NB-IoT。从图 1-3 可知，2016 年 6 月，NB-IoT 核心标准在 3GPP R13 冻结，直到 2017 年 6 月，华为 NB-IoT 芯片 Boudica 120 大批量发货。这一系列动作表明，华为在 NB-IoT 的发展中起到了非常重要的推动作用。

NB-IoT 与 5G 三大应用场景中的大连接场景契合，因此，2019 年 7 月，第三代合作计划（The 3rd Generation Partnership Project，3GPP）正式向国际电信联盟-无线电通信部（International Tecommunication Union-Radiocommunication Sector，ITU-R）提交 5G 候选技术标准提案，其中 NB-IoT 被正式纳入 5G 候选技术集

合，作为 5G 的组成部分与 NR 联合提交至 ITU-R。

ITU-R 对 3GPP 提交的 5G 标准提案进行复核后，于 2020 年 7 月下半年正式对外发布。此次 NB-IoT 技术被正式纳入 5G 集合，预示着 NB-IoT 已经具备平滑过渡到 5G 的能力，将作为 5G 时代的重要场景化标准持续演进，NB-IoT 将在 5G 时代扮演重要的角色。同时，业界开始倾向以 5G NB-IoT 代替 NB-IoT 这一称谓。

除了以华为为代表的企业推动之外，工信部在 2017 年 6 月发布了《关于全面推进移动物联网（NB-IoT）建设发展的通知》，在 2018 年 5 月发布了《工业和信息化部 国资委关于深入推进网络提速降费加快培育经济发展新动能 2018 专项行动的实施意见》，具体内容如表 1-2 所示。

表 1-2 工信部政策对 NB-IoT 的推动作用

时间	发文机关	政策文件	内容
2017 年 6 月	工信部	《关于全面推进移动物联网（NB-IoT）建设发展的通知》	基础电信企业加大 NB-IoT 部署力度，到 2017 年年底实现 40 万个 NB-IoT 基站的目标；到 2020 年，NB-IoT 实现全国普遍覆盖和深度覆盖，基站规模达到 150 万个
2018 年 5 月	工信部	《工业和信息化部 国资委关于深入推进网络提速降费加快培育经济发展新动能 2018 专项行动的实施意见》	加快完善 NB-IoT 等物联网基础设施建设，实现全国普遍覆盖。进一步推动模组标准化、接口标准化、公众服务平台等共性关键技术的发展。面向行业需求，积极推动产品和应用创新，推进物联网在智慧城市、农业生产、环保等行业领域的应用

这两个文件都针对 NB-IoT，并在推动该技术的发展中起到了非常重要的作用。根据全球移动通信系统协会（Global System for Mobile Association，GSMA）统计，截止到 2020 年 9 月，全球部署的 5G NB-IoT 累计达到 97 张，我国窄带物联网行业基站保有量约为 91 万个，2020 年新增 5G NB-IoT 基站数量 19 万个；同时，根据物联传媒的公开资料显示，2020 年全球 5G NB-IoT 连接数已经达到 1.4 亿，仅中国市场就突破了 1 亿，已应用至 40 多个行业的 50 多种业务[3]。

中国电信集团有限公司（以下简称中国电信）是三大运营商中首个完成覆盖全国的 NB-IoT 建设的运营商。另外，中国电信还是 NB-IoT 商用的推动者。2018 年 6 月，中国电信与其他企业联合开发的基于 NB-IoT 技术的物联网智能锁商用，标志着 NB-IoT 技术在中国首次落地商用。截止到 2020 年年底，中国电信 5G NB-IoT 基站数量位居全球第一，保有量为 46 万个。

中国移动通信集团有限公司（以下简称中国移动）已经形成了覆盖云-管-端的物联网能力，物联网连接数突破 2.3 亿。同时，中国移动还新建了 NB-IoT 精品网络基础设施。在模组产品方面，自 2016 年 11 月中国移动联合中移物联网有限公司（以下简称中移物联）发布第一款产品以来，已经上市包括 M5310～ M5313 系列和具有 GNSS 定位能力的 N10SG 等多款 NB-IoT 模组产品。截止到 2020 年年底，中国移动的 5G NB-IoT 基站保有量为 35 万个。

2017 年第三季度（Quarter 3，Q3），中国联合网络通信集团有限公司（以下简称中国联通）的 NB-IoT 在全国 11 个省进行试商用；2018 年第一季度（Quarter 1，Q1），全国核心网专网建成，具备全网统一接入能力。中国联通已实现在全国 300 个城市的 NB-IoT 连接服务。截止到 2020 年年底，中国联通 5G NB-IoT 基站保有量为 10 万个。

在三大运营商的积极网络建设下，目前我国已实现主要城市、乡镇以上区域连续网络覆盖，为各类行业应用的发展奠定良好的网络基础，推动 5G NB-IoT 相关产业持续发展。

1.2　5G NR 网络的起源与发展

移动通信深刻地改变了人们的生活，为了应对未来爆炸式的流量增长、海量的设备连接和不断涌现的新业务、新场景，5G 应运而生。

2012 年，ITU 组织全球通信业界开展 5G 标准化前期研究工作，持续推动全球 5G 共识形成[4]。2015 年 6 月，ITU 正式确定 IMT-2020 为 5G 系统的官方命名，并明确了 5G 业务趋势、应用场景和流量趋势，定义了 5G 未来移动应用包括以下三大领域。

eMBB：人类的通信是移动通信需要优先满足的基础需求。未来 eMBB 将通过更高的带宽和更短的时延继续提升人类的视觉体验。

mMTC：针对万物互联的垂直行业，IoT 产业发展迅速，未来将出现大量的移动通信传感器网络，对接入数量和能效有很高要求。

uRLLC：针对特殊垂直行业（如自动驾驶、远程医疗、智能电网等），需要高可靠性低时延的业务需求。

IMT 愿景建议书定义的 5G 三大应用场景如图 1-4 所示，在 5G 系统设计时需要充分考虑不同场景和业务的差异化需求。

此外，ITU 制定了 5G 的标准工作计划时间表，按照此工作计划，5G 研究可分为三大阶段：阶段一（到 2015 年年底），确定 5G 的宏伟蓝图；阶段二（到 2017 年中旬），确定 5G 方案的最小技术指标要求及其对应的评估方法，为后续候选技术方案的评判服务；阶段三（到 2020 年年底），征集 5G 候选技术方案并评估确定 5G 标准。ITU 关于 5G 的详细时间节点及工作流程如图 1-5 所示。

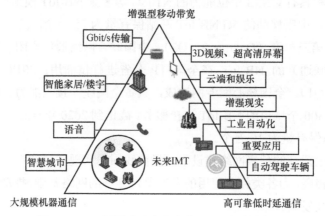

图 1-4　IMT 愿景建议书定义的 5G 三大应用场景

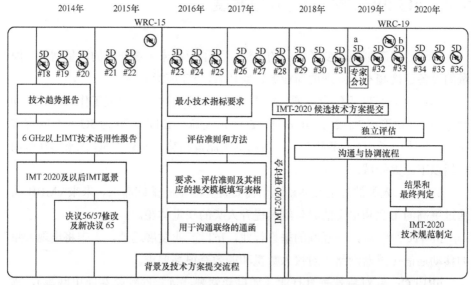

图 1-5　ITU 关于 5G 的详细时间节点及工作流程

与此同时，3GPP 技术规范组，服务和系统方向（Technical Specification Group, Service and System Aspects，TSG SA）也研究了 5G 的潜在服务、市场、应用场景和可能的使能技术，并在 ITU 定义的三大应用场景基础上，进一步归纳了 5G 主要的应用范围，包括增强型移动宽带、工业控制与通信、大规模物联网、增强型车联网等。3GPP 制定的 5G NR 标准成为 5G 的主流国际标准。

随着 5G 标准初试版本的冻结发布，全球各大运营商都在紧锣密鼓地开展

5G 网络建设。据 GSA 发布的通信网络数据显示，截至 2020 年 12 月，全球 59 个国家和地区的 140 个运营商已开通基于 3GPP 标准的 5G 基站。2021 年，中国 5G 基站建设持续发力，根据《2021 中国经济年报》显示，我国全年新增 5G 基站数量超过 60 万个，累计建成开通数量达 142.5 万个。

2021 年 7 月，工信部、中央网络安全和信息化委员会办公室等十部门联合印发《5G 应用"扬帆"行动计划（2021—2023 年）》，该计划旨在大力推动 5G 全面协同发展，深入推进 5G 赋能千行百业。

1.3　5G 物联网端管云协同设计

1.3.1　水平关键技术

1. 5G NB-IoT 水平关键技术概述

NB-IoT 成为万物互联网络的一个重要分支，它的研究和标准化工作是根据 3GPP 标准组织进行的。3GPP 是 3G 标准化项目，由欧美中日韩标准化组织合作进行，该项目创建于 1998 年 12 月，现在已经延伸到 5G，其中欧洲电信标准化协会（European Telecommunications Standards Institute，ETSI）、美国德州仪器（Texas Instruments，TI）、中国通信标准化协会（China Communications Standards Association，CCSA）、日本电信技术委员会（Telecommunication Technology Committee，TTC）、日本无线工业及商贸联合会（Association of Radio Industries and Businesses，ARIB）和韩国电信技术协会（Telecommunications Technology Association，TTA）都作为组织伙伴（Organization Partner，OP）积极参与 3GPP 的各项活动。

3GPP GERAN 工作组通过了 GP-140421 提案，着手研究非后向兼容传统 GSM 的蜂窝物联网（Cellular IoT）方案，以实现在 200 kHz 系统带宽上支持窄带物联网技术。3GPP RAN#70 次会议更新了 NB-IoT 立项，明确 NB-IoT 下行采用基于 15 kHz 子载波间隔的正交频分多址（Orthogonal Frequency-Division Multiple Access，OFDMA）方案，上行采用单载波频分多址（Single-Carrier Frequency-Division Multiple Access，SC-FDMA）技术。对于上行链路支持单频模式和多频模式传输，用户终端需要携带标志位来指示对单载波传输和多载波传输的支持能力，其中单载波传输的子载波带宽有 3.75 kHz 和 15 kHz 两种，多载波传输的子载波间隔为 15 kHz，支持 3 个、6 个、12 个子载波的传输。

NB-IoT 支持 3 种网络部署方式，如图 1-6 所示，分别是独立部署方式，即利用现网的空闲频段或者新的频段进行部署，不与现行 LTE 网络或其他制式蜂窝网络在同一频段，不会形成干扰；保护频段部署方式，即利用 LTE 边缘保护频段中未使用的 180 kHz 带宽的资源块，最大化频段资源利用率；频段带内部署方式，即占用 LTE 的一个物理资源块（Physical Resource Block，PRB）资源来部署 NB-IoT。

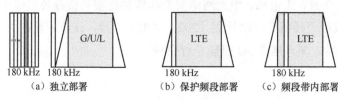

（a）独立部署　　　　　（b）保护频段部署　　　（c）频段带内部署

图 1-6　NB-IoT 支持的网络部署方式

在独立部署模式下，系统带宽为 200 kHz，信道间隔为 200 kHz。在保护频段部署模式下，可以在 5 MHz、10 MHz、15 MHz、20 MHz 的 LTE 系统带宽下部署。在频段带内部署模式下，可以在 3 MHz、5 MHz、10 MHz、15 MHz、20 MHz 的 LTE 系统带宽下部署。在保护频段部署模式和频段带内部署模式下，两个相邻的 NB-IoT 载波间的信道间隔为 180 kHz。

NB-IoT 终端只要求支持半双工操作，在 R13 阶段不需要支持时分双工（Time Division Dual，TDD），但要求保证对 TDD 前向兼容的能力，对不同的部署方式只支持一套同步信号，包括与 LTE 信号重叠的处理，针对 NB-IoT 物理层方案，基于 LTE 的介质访问控制（Medium Access Control，MAC）、无线链路控制（Radio Link Control，RLC）、分组数据汇聚协议（Packet Data Convergence Protocol，PDCP）和无线资源控制（Radio Resource Control，RRC）过程优化，优先考虑支持 Band 1、3、5、8、12、13、17、19、20、26、28，S1 interface to CN 以及相关无线协议的优化。3GPP 于 2016 年 6 月 22 日宣布完成 NB-IoT 标准的制定工作。NB-IoT 技术的优势如图 1-7 所示。

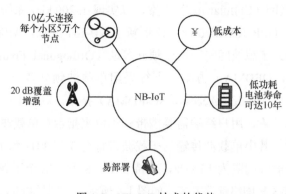

图 1-7　NB-IoT 技术的优势

NB-IoT 技术的优势主要体现在以下几个方面。

（1）低功耗

NB-IoT 可以让设备一直在线，通过精简不必要的指令、使用更长的寻呼周期，使终端设备的通信模组进入睡眠状态；通过简化协议和优化模组芯片制程、减少发射和接收时间等方法，实现省电、降低功耗的目标。这样，对于一些需要长生命周期的终端模块，待机时间可长达 10 年。

NB-IoT 的业务主要集中在数据量小、速率低、传输周期长、时延不敏感的场景下，一般与通信设备功耗有关的指标包括通信速率和传输数据量，要实现终端传输的低功耗，可以从硬件和软件两个方面进行优化。

硬件方面实现终端传输的低功耗可以有以下 4 种方式：在模组硬件设计中，通过提高芯片、射频前端器件等各模块的集成度，减少通路插损来降低损耗；通过研发高效率功放和天线器件来降低器件和馈线上的损耗；通过在待机时关闭芯片中不需要工作的供电电源，关闭芯片内部不工作的子模块时钟，对待机电源工作机制进行优化来降低损耗；通过对不同业务场景的实际考虑，选用低功耗处理器，控制处理器主频、运算速度和待机模式来降低终端功耗。

软件方面实现终端传输的低功耗可以有以下 3 种方式：通过引入新的节电特性来降低损耗；通过对传输协议进行优化来降低损耗；通过引入物联网嵌入式操作系统来降低损耗。

NB-IoT 终端两种新的节电特性包括节电模式（Power Saving Mode，PSM）和扩展的非连续接收（extended Discontinuous Reception，eDRX）模式。这两种模式都是由用户终端发起请求，并与核心网协商的方式来确定的。用户可以单独选择其中一种模式，也可以同时激活两种模式。PSM 是 3GPP R12 引入的技术，其原理是允许终端收发和接入层相关的功能，相当于部分关机，从而减少天线、射频、信令处理等的功耗消耗。用户设备（User Equipment，UE）在 PSM 期间，不接收任何网络寻呼，停止所有接入层的活动。对于网络侧来说，UE 此时是不可达的。只有当跟踪区更新（Tracking Area Update，TAU）活动计时器周期请求定时器（T3412，控制位置周期性更新的定时器）超时，或者 UE 有上行业务要处理而主动退出 PSM 时，UE 才会退出 PSM，进入空闲态，进而进入连接态处理上下行业务。TAU 周期请求定时器（T3412）由网络侧在 ATTACH 和 TAU 消息中指定，3GPP 协议规定 T3412 默认为 54 min，最大可达 310 h。UE 处理完数据之后，RRC 连接会被释放、进入空闲态，与此同时启动活动计时器 T3324（0~255 s）。T3324 超时后，UE 即进入上述 PSM。PSM 的优点是终端可进行长时间睡眠，缺点是对终端接收业务响应不及时，主要适用于远程抄表等对下行实时性要求不高的业务。eDRX 即非连续接收，它是 3GPP R13 引入的新技术。R13 之前已经有 DRX 技术，从字面上可以看出，eDRX 是对原 DRX 技术的增强：支持寻呼系统的时间可以更长，从而达到节电目的。eDRX 模式的寻呼周期由网络侧在 ATTACH 和 TAU 消息中指定（UE 可以指定建议值），可为 20 s 和 40 s，最大可达 40 min。相比以往 1.28 s、2.56 s 等 DRX 寻呼周期配置，eDRX 模式下终端耗电量显然低很多。PSM 和 eDRX 模式虽然使终端耗电量大大降低，但都是通过长时间的"罢工"来换取的，付出了实时性的代价。对于有远程不定期监控（如远程定位、电话呼入、配置管理等）需求且实时性要求较高的场景，不适合开启 PSM 功能；如果允许一定的时延，最好采用 eDRX 技术，根据实际可接收的时延要求来设置 eDRX 模式寻呼周期。UE 可在 ATTACH 和 TAU 中请求开启 PSM 或 eDRX 模式，但最终开启哪一种模式或两种均开启，以及周期是多少均由网络侧决定。

在信令简化和数据传输优化方面，可以通过引入非互联网协议（None of Internet Protocol，Non-IP）数据类型，减少互联网协议（Internet Protocol，IP）分组头，降低数据传输总长度；也可以使用控制面传输，使数据被携带在信令信息中进行传输，通过提高传输效率的手段来降低终端功耗。

在嵌入式操作系统方面，各厂商通过裁减和重新设计轻量级的物联网嵌入式操作系统，删除不需要的功能和驱动，提高运行效率，减少内存占用开销等方法降低功耗。在实际应用设计中，可以考虑单进程程序运行，降低进程管理复杂度，从而降低功耗。

（2）广覆盖

NB-IoT 与通用分组无线业务（General Packet Radio Service，GPRS）或 LTE 相比，可以获得 20 dB 的信号增益，性能相当于提升了 100 倍，在地下车库、地下室、管道网络、火车和地铁隧道等无线信号难以到达的地方都可以实现很好覆盖。

无线网络的覆盖评估分析指标一般采用最大耦合损耗（Maximum Coupling Loss，MCL）。MCL 是指接收端为了能正确地解调发射端发出的信号，整个传输链路上允许的最大路径损耗（以 dB 计）。NB-IoT 设计目标是在 GSM 网络的基础上覆盖增强 20 dB，以 GSM 网络 144 dB 最大耦合路损为基数计算，则 NB-IoT 设计的最大耦合路损为 164 dB。在覆盖增强设计方面，技术手段上主要依靠两种实现方法：一是通过窄带设计提高功率谱密度；二是通过重复传输提高覆盖能力，覆盖能力提升的技术手段如图 1-8 所示。

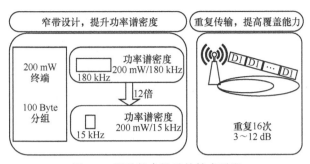

图 1-8　覆盖能力提升的技术手段

　　具体而言，当使用 200 mW 发射功率时，如果占用 180 kHz 的带宽，则功率谱密度为 200 mW/180 kHz；如果将功率集中到其中的 15 kHz，则功率谱密度为 200 mW/15 kHz，可以提升 12 倍，意味着灵敏度可以提升 $10\lg(12)=10.8$ dB，这是通过窄带设计获得的增益。通过重复传输，最多重传次数可达 16 次，可以获得的增益为 3~12 dB，这是通过重传获得的增益。两者相加，即可达到 20 dB 左右的增益。

　　对于 NB-IoT 的下行链路，主要是依靠增加各信道的最大重传次数以获得覆盖增强。通过增加重传次数，终端在接收时对接收到的重复内容进行合并，尽管会降低数据的传输速率，但却能使整体译码后的误码率大大降低。对于 NB-IoT 上行链路，其覆盖增强可以来自前述两个方面：一方面是在极限覆盖情况下，NB-IoT 采用单子载波进行传输，其功率谱密度可得到较大幅度的提升，从而提升覆盖能力；另一方面可以通过增加上行信道的最大重传次数以获得覆盖增强。尽管 NB-IoT 终端上行发射功率 23 dB 比 GSM 的 33 dB 低 10 dB，但 NB-IoT 传输带宽的变窄和最大重传次数的增加可以使上行信道工作在 164 dB 的最大路损指标内。

　　（3）大连接

　　NB-IoT 技术为了满足万物互联的需求，其技术标准重点关注每个站点可以支持的连接用户数，而用户的无线连接速率并非其关注重点。当前的通信基站主要是保障用户的并发通信和减少通信时延，而 NB-IoT 对业务时延不敏感，可以设计更多用户接入，保存更多用户上下文，因此 NB-IoT 有 50~100 倍的上行容量提升，设计目标为每个小区 5 万个连接数，大量终端处于睡眠状态，其上下文信息由基站和核心网维持，一旦终端有数据发送，可以迅速进入连接状态。需要注意的是，每个小区支持 5 万个连接数只是保持 5 万个连接的上下文数据和连接信息，并非可以支持 5 万个终端并发连接；并发连接数与小区服务的终端业务模型等因素有关。

　　与传统通信网络规划类似，NB-IoT 容量规划需要与运营商覆盖规划相结合，同时满足覆盖和容量的要求；同时，容量规划需要根据话务模型和组网结构对不同区域进行设计；此外，容量规划除考虑业务能力外，还需要考虑信令等各种无线空口资源。NB-IoT 主要通过减少空口信令开销，优化基站，设计独立的准入拥塞控制、终端上下文信息存储机制等方法提升同时支持的连接数。NB-IoT 单站容量是基于单站配置和用户分布设计的，结合每个用户的业务需求，计算单站承载的连接数。整网连接数是站点数目和单站支持的连接数的乘积，可以通过对核心网进行优化，优化终端上下文存储机制、下行数据缓存机制等手段提升网络支持的连接数。

2．5G NR 水平关键技术概述

（1）正交频分复用（Orthogonal Frequency Division Multiplexing，OFDM）技术基本波形，支持灵活的帧结构

在 OFDM 技术上，5G 下行与 LTE 相同，采用 OFDMA 技术；上行既支持单载波频分多址（Single-Carrier Frequency-Division Multiple Access，SC-FDMA），又支持 OFDMA。5G 支持多种载波间隔，支持基于迷你时隙的数据发送。总体上看，5G NR 的帧结构和设计在灵活度上相对 LTE 扩展度很高，可以很好地匹配各种业务类型的传输需求。

（2）上下行解耦，灵活双工

对于 LTE 系统，一个下行载波只配置一个上行载波。对于 NR 系统，一个下行载波除了配置一个对应的上行载波外，还可配置多个上行载波。额外配置的上行载波也被称为增补上行载波（Supplementary Uplink，SUL）。对于部署在较高频率的 NR 载波，可以配置一部分较低频率的载波作为 SUL 载波，这样就可以提高 NR 覆盖范围和系统利用率。

（3）大规模天线一体化设计

大规模天线设计是 5G NR 高速率的基础。随着频率增高、天线数量增加，单天线的覆盖能力下降。采用混合波束成形技术可以有效提升大规模天线的覆盖距离和传输速率，成为 NR 大规模天线设计的核心。

（4）新增信道编码方法

NR 数据信道采用低密度奇偶校验码（Low Density Parity Check Code，LDPC）编码，控制信道采用 Polar 编码，前者可以更好地支持大分组数据的传输，后者在小分组的性能优势将有效提升 NR 的覆盖性能。

（5）毫米波通信

毫米波（mmWave）是指通信频率在 30～300 GHz 的无线电波，波长范围为 1～10 mm。毫米波的缺点是传播损耗大，穿透能力弱；优点是带宽大、速率高，大规模多输入多输出（Massive MIMO）天线体积小，因此适合小蜂窝、

室内、固定无线和回传等场景部署。

（6）超密网络

在 5G 的热点高容量典型场景中，将采用宏微异构的超密集组网架构进行部署，以实现 5G 网络的高流量密度、高峰值速率性能。为了满足热点高容量场景的高流量密度、高峰值速率和用户体验速率的性能指标要求，基站间距将进一步缩小，各种频段资源的应用、多样化的无线接入方式及各种类型的基站将组成宏微异构的超密集组网架构。

（7）网络功能虚拟化

网络功能虚拟化（Network Functions Virtualization，NFV）通过虚拟化技术将网络功能软件化，运行于通用硬件之上，支持快速横向扩展、接口开放、灵活敏捷部署，加速网络功能创新。

（8）软件定义网络

软件定义网络（Software Defined Network，SDN）是一种将网络数据面与控制面分离的网络设计方案。网络基础设施层与控制层通过标准接口连接。SDN将网络控制面解耦至通用硬件设备上，并通过软件化集中控制网络资源，实现集中管理，提升设计灵活性。

（9）网络切片

5G 网络面向的不同应用场景对网络的移动性、安全性、时延、可靠性，甚至是计费方式的要求多种多样。因此，需要将一张物理网络分成多个虚拟网络，每个虚拟网络面向不同的应用场景需求提供服务。虚拟网络间是逻辑独立的，互不影响，这就是网络切片的作用。当然，NFV 和 SDN 是网络切片功能的基础，不同的切片依靠 NFV 和 SDN 通过共享的物理/虚拟资源池来创建。

1.3.2　垂直行业应用

1. 5G NB-IoT 典型行业应用

基于物联网的发展趋势和对未来智能生活场景的布局，户外 NB-IoT 的部署将会进一步促进物联网的产业生态，带来巨大的商业机会。相比于面向娱乐和性能的物联网应用，NB-IoT 面向低端物联网终端，更适合广泛部署，可应用于以智能抄表、智能停车、智能追踪为代表的智能家居、智能城市、智能生产等领域，主要是因为 NB-IoT 技术补足了这种对数据量要求不大但也有联网需求的使用场景，并且它非常适用于使用频率不高、数据量不大的户外产品/物体，如下水道、井盖、安保、共享单车、路灯、医疗等使用场景[5]。NB-IoT 技术适用的应用场景非常多，主要有以下几个方面。

（1）医疗健康领域

医疗健康方面的血压计、血糖仪，尤其是家庭便携式医疗设备，采用 NB-IoT 技术后，数据传输会比之前方便很多。NB-IoT 设备可以与消费类电子产品，尤其是可穿戴产品结合，实现对特定人群的关爱管理和预防走失的定位功能，比如儿童、老人等。同时，可穿戴产品还可以监测一些身体指标数据，这在医疗康养等场景下也是有一定应用的，可以帮助医护人员或家属等了解病患身体指标，若出现异常的告警也可以争取更多抢救时间，再通过准确定位来采取必要的急救措施。

（2）共享定位管理

共享单车、共享雨伞、共享充电宝、共享健身房、租赁物件等，都有很大应用空间，需要传输数据、但也不需要实时传输数据。对于资产和人员的管理，其需求场景已经从静态逐渐拓展至动态，Wi-Fi 等短距无线通信技术无法满足资产和人员活动范围的要求。移动物品的定位追踪需求已经深入人们日常生活的方方面面，能够有效提升物品的安全性、物流的高效可控性、人员看管的便利性。要实现移动物品的定位追踪，离不开信息基础设施的建设，虽然传统蜂窝移动通信网络能够支撑应用需求，但是其网络功耗大、成本高等问题对于规模化应用普及是个巨大挑战。NB-IoT 不仅能够满足资产和人员跟踪定位的需求，还能极大地降低网络功耗和服务提供商成本，其市场需求值得进一步挖掘。对于资产追踪，通信和定位也是两个必需的功能，NB-IoT 技术能同时满足通信和定位的需求，并且其设备易于安装、使用成本低，能够规模化推广应用。

（3）市政智慧工程

市政智慧工程包括智慧城市、智慧社区、智能停车、智能抄表等。目前，道路上的监测信息主要依靠人工和视频监控，信息准确性和实时性都无法得到保障。部署 NB-IoT，就是在前端地磁车辆传感器与后台云端管理系统之间搭起一座可靠的信息传输桥梁，即地磁车辆传感器（实时收集信息）−NB-IoT（实时传输信息）−云端管理系统（分析和决策），使云端管理系统能够及时地对道路车流量、拥堵率等交通道路信息进行分析，为监管部分决策提供精准的数据支撑，成为智慧城市的交通枢纽中很重要的组成部分。基于 NB-IoT 的智能停车解决方案可以实现对停车的实时监控，协调停车位供与求，甚至实现远程对空闲停车位的预订、租用，从而实现分时复用，从科学智能的引导规划和停车资源的共享调度角度，实现智能停车，高效合理利用现有资源，解决所面临的问题。智能抄表作为 NB-IoT 的重要应用之一，解决的是与人民群众的生活息息相关的民生便捷问题，目前国内很多小区抄表（水、电、燃气）普遍采用手持式抄表机和基于 GSM/GPRS 远程抄表两种方式。对于前者，某些小区的表计安装位置不方便人工抄表，并且该方式需要较高的人工成本。对于后者，GSM/GPRS 网络功耗和成本方面还有进一步提升的空间。NB-IoT 具备功耗低、成本低、传输距离远等优点，不仅不需要人工抄表，更在功耗和部署成本方面大大优于 GSM/GPRS，非常适合智能表计行业，部署低功耗智能计量终端可以连续工作很多年，在节省人工成本的同时也降低部署成本，因为水、电、燃气等公共事业涉及上亿规模用户，未来数百万的智能表计将在全球得到更大规模部署，非常有市场前景。

（4）农牧环境监测

智慧农业、畜牧养殖业是 NB-IoT 的另一个重要的应用场景。随着农村人口城市化的不断推进，如何用更少的人解决农牧业问题也是一个挑战，除了引入智能化机器设备，对农作物、畜牧等行业种植、养殖数据进行管理、分析，并精准施测也是提升效率的一个重要思路。以智慧农业举例，可以用 NB-IoT 技术有效满足数据采集、上传需求，比如大棚养殖，可以采集大气压力、温湿度、光照强度、土壤酸碱度、水质等，并结合作物生长实现最佳配置。对畜牧养殖也可以采集动物基本数据，从而实现最佳喂养配置，以此联想，未来的林业、渔业等相似应用场景都可以进行推广。目前，人类对所居住的环境越来越重视，身边很多的污染如果用人工检查一方面消耗大量人力物力，另一方面也对从事检查污染的工作人员自身健康造成影响。如果用基于 NB-IoT 技术的智能传感器作为替代的话，就可以解决这些困扰，而且它们可以长期工作在各种有风险的恶劣环境中，工作运行并不受影响，还可以及时检测包含水质、土壤、空气等各种污染数据，及时发现告警，尽早发现干预，为环境保护提供有力保障。NB-IoT 技术可以用于环境中的基础设施监测，对重要的基础设施、关键设备等进行安全监控，也可以进行灾害监测和预防告警等。

（5）专用领域网络

在物流的运输、仓储、配送等各个环节实现系统感知、全面分析及处理等功能。当前，NB-IoT 技术应用于物联网领域主要体现在 3 个方面，运输监测、仓储以及快递终端，通过物联网技术实现对货物的监测和运输车辆的监测，包括货物车辆位置、状态以及货物温湿度、油耗及车速等。物联网技术的使用能提高运输效率，提升整个物流行业的智能化水平，尤其在贵重物品物流运输、冷链物流运输等场景下，通过 NB-IoT 系统将物流运输过程中的定位信息数据实时地进行跟踪，形成相应位置轨迹，这样一旦目标位置发生异常，就可以及时告警，从而实现智能物流追踪功能，也便于在运输过程中有效识别问题并及时发出告警，为后续应对措施提供信息，类似的场景还包括其他私有物品的位置追踪、防盗等。其他未来应用场景包括智慧专网，结合实际工作需要，在公安监控、消防安全等专用网络领域开展 NB-IoT 技术的应用，比如将其与智能警用监控检测、智能消防告警探测等相结合，搭建更为广覆盖的网络，从而实现对案件的监控、跟踪，对消防救灾的探测、预警和救灾等；与政府的官方专网结合，提高政府监管力度、提升政府服务效能，能更好地保障人民群众人身财产安全，也有助于各专网数据实现互通和共享，提升统筹规划、调度能力。对桥梁、天桥等城市公共设施在运营、使用过程中，在设施的关键结构处装置相关传感器，通过 NB-IoT 城域网将数据信息上传至管理系统，在实时准确监测公共设施服务能力的基础上，对其受损位置和程度进行定位和诊断，并对设施的服役情况、可靠性、耐久性和承载能力进行智能评估，为潜在的异常情况进行预警，达到减少和避免城市公共设施安全事故发生的目的。

由此可见，NB-IoT 技术、产业链和应用价值链在未来都将得到进一步发展和完善。首先是 NB-IoT 覆盖将进一步发展完善；其次是 NB-IoT 终端芯片将进一步成熟；再次是 NB-IoT 模组成本将下降到合理区间，模组价格的下降会进一步刺激下游垂直应用市场的需求并带动出货量，使产业链更加成熟；最后是 NB-IoT 的价值将实现从网络连接到应用的外溢。在网络覆盖和产业链配套进一步完善的基础上，NB-IoT 的价值将进一步向平台和垂直行业应用方向迁移，实现其网络连接之外的巨大潜在价值。相信未来 NB-IoT 不仅能在垂直行业应用方面发挥作用，在工业互联网底层网络构建中也将发挥更重要的支撑作用，同时还将在未来与大数据、人工智能（Artificial Intelligence，AI）等信息技术深度融合，实现物联到智联的升华。未来 NB-IoT 的广泛应用，连接了大量的传感器和其他物联设备，结合大数据和 AI，对采集到的海量数据进行分析和挖掘，再将结果反馈至各个联网终端，提升终端的自主决策能力，助推工业、农业、城市管理等各行业各领域万物互联基础上的数字化转型和智慧化升级。

2．5G NR 典型行业应用

2020 年，华为创始人、总裁任正非在接受采访时表示：5G 最大用处是面向企业（To Business，ToB）不是面向客户（To Customer，ToC）。与前几代蜂窝移动技术相比，5G 网络能力得到了突飞猛进的发展，5G 将结合大数据、云计算、人工智能和许多其他创新技术一同开启高速物联网时代，并渗透各行各业。

（1）C-V2X 车联网

V2X，即 Vehicle to Everything，车联万物；C-V2X，即基于蜂窝技术的车联网。5G-V2X 将支持更远的通信距离、更佳的非视距性能、更强的可靠性、更高的容量和更佳的拥塞控制等。根据 ABI Research（英国市场研究公司）预测，到 2025 年 5G 连接的汽车将达到 5 030 万辆。汽车的典型换代周期是 7～10 年，因此联网汽车将在 2025—2030 年大幅增长。

（2）智能制造

智能制造需要灵活、可移动、高带宽、低时延和高可靠的无线网络能力，5G 将使能工厂无线自动化控制、工厂云化机器人和工业增强现实（Augmented Reality，AR）应用。据估计，到 2025 年，全球将有 8 800 万个状态监测连接，工业机器人的出货量将增加到 100 万台。

（3）无人机视频监控

无人机视频监控系统对如下监控场景非常有用，如繁忙的公共场所、交通中心、机构和居住区、关键基础设施等。5G 网络将助力视频监控，使其更加灵动和高清。预计到 2025 年，非消费者视频监控市场的增值服务收入将增长至 210 亿美元。

1.3.3　端管云矩阵设计

5G 端管云设计矩阵如图 1-9 所示。所谓 NB-IoT 端管云矩阵设计，就是参考物联网典型的分层架构[6]，根据 NB-IoT 适用的垂直行业应用具体需求，在物联网分层架构的每个水平分层上进行技术选型，完成端管云联动的优化设计。

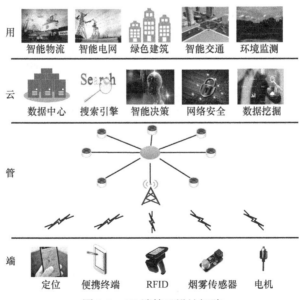

图 1-9　5G 端管云设计矩阵

注：RFID（Radio Frequency Identification，射频识别）

"终端-端""接入网-管"和"业务-云"是华为公司率先提出的概念。作为未来信息服务的新架构，"端管云"不只是一种网络架构，而是新的信息服务平台架构，同时也是新的互联网与信息产业发展战略的体现。这种极简思想与当前物联网领域的主流分层思想吻合，一般认为，物联网可以划分为 4 个层次：感知识别层、网络构建层、管理服务层和综合应用层。所以，感知识别层对应"端"，负责信息的生成；网络构建层对应"管"，负责信息的传输；管理服务层对应"云"，负责信息的处理；对于综合应用层，可以引入"用"，负责信息的综合应用。随着边缘中央处理器（Central Processing Unit，CPU）和图形处理单元（Graphics Processing Unit，GPU）计算能力的提高，物联网近年来引入了"边"，分担部署在云端的计算资源，承载边缘侧 AI 算法的推理与应用。在物联网边缘节点实现数据优化、常用工业接口连接与智能传输等业务，使 5G 时代下的物联网更加快速和智能。

基于端管云矩阵的 NB-IoT 数据流架构如图 1-10 所示，本书以非实时数据流的形式按模块来阐述 NB-IoT 实战方法。此外，在端管云基础上，引入"边"，以实时数据流的形式来阐述 5G NR 实战设计方法。

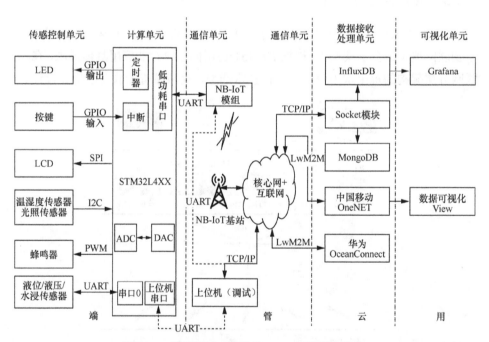

图 1-10　基于端管云矩阵的 NB-IoT 数据流架构

注：1. LED（Light Emitting Diode，发光二极管）；2. LCD（Liquid Crystal Display，液晶显示器），是薄膜晶体管液晶显示器的简称；3. GPIO（General-Purpose Input/Output，通用型输入输出）；4. SPI（Serial Peripheral Interface，串行外设接口）；5. I2C（Inter-Integrated Circuit，内部集成电路），是一种串行通信总线；6. PWM（Pulse Width Modulation，脉冲宽度调制）；7. UART（Universal Asynchronous Receiver/Transmitter，通用异步接收发送设备）；8. ADC（Analog-to-Digital Converter，模数转换器）；9. DAC（Digital-to-Analog Converter，数模转换器）；10. TCP/IP（Transmission Control Protocol/Internet Protocol，传输控制协议/互联网协议）；11. LwM2M（Lightweight Machine to Machine，轻量级机器对机器）

1.4　本章小结

　　本章首先介绍了 5G 端管云协同理念，从低功耗广域网和 5G NR 的起源与发展展开，进而介绍了 5G NB-IoT 和 NR 的关键技术和行业应用，最后引入了 5G 端管云和边的协同设计理念。

1.5　参考文献

[1]　国际数据公司. 中国物联网连接规模预测, 2020—2025[R]. 北京: 国际数据公司, 2021.

[2]　WANG Y P E, LIN X, ADHIKARY A, et al. A primer on 3GPP narrowband Internet of things (NB-IoT)[J]. IEEE Communications Magazine, 2016, 55(3): 117-123.

[3]　物联传媒. 中国 5G NB-IoT 产业市场调研报告[R]. 深圳: 物联传媒, 2021.

[4]　刘晓峰, 孙韶辉, 杜忠达, 等. 5G 无线系统设计与国际标准[M]. 北京: 人民邮电出版社, 2019.

[5]　肖善鹏. NB-IoT 物联网技术解析与案例详解[M]. 北京: 机械工业出版社, 2019.

[6]　刘云浩. 物联网导论[M]. 第 3 版. 北京: 科学出版社, 2017.

第2章

5G NB-IoT 感知终端开发

感知终端是 5G NB-IoT 的信息源头，是物理世界和信息世界的连接纽带。通过集成不同类型的传感器和控制单元，感知终端可以对物质性质、环境状态等信息开展长期、大规模的实时获取与远程控制。

2.1 感知终端硬件架构

5G NB-IoT 感知终端硬件架构如图 2-1 所示。5G NB-IoT 感知终端主要包括传感数据采集单元、控制单元、微处理器、通信模组和供电单元。

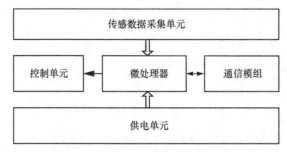

图 2-1　5G NB-IoT 感知终端硬件架构

1. 传感数据采集单元

传感数据采集单元主要由传感器构成，它是一种检测装置，能够感受到被测量的信息，并可以将感受到的信息按一定的规律变换成电信号或其他所需形式的信息输出，以满足信息的传输、处理、存储、显示、记录和控制等要求。近年来，传感器朝着微型化的方向发展，使物联网终端可以集成面向各种行业应用的传感器。传感器的存在和发展，使物体可以具有类生物的触觉、味觉和嗅觉等感官，使物体具有"活性"。根据其基本感知功能，通常传感器可分为热敏元件、光敏元件、气敏元件、力敏元件、磁敏元件、湿敏元件、声敏元件、放射线敏感元件、色敏元件和味敏元件十大类。

2. 控制单元

控制单元泛指可以根据接收微处理器的数字输入/输出（Input/Output，I/O）控制指令，调整自身运行状态的物理实体。在 NB-IoT 的硬件平台中，控制单元通常有发光二极管、舵机、报警器、显示屏等。

3. 微处理器

微处理器作为 NB-IoT 终端的计算核心，是由一片或少数几片大规模集成电路组成的中央处理器，这些电路执行控制部件和算术逻辑部件的功能。微处理器能完成取指令、执行指令，以及与外界存储器和逻辑部件交换信息等操作，是微型计算机的运算控制部分，可与存储器和外围电路芯片组成微型计算机。目前的大部分微处理器也同时集成了内存、闪存、模/数转换器、数字 I/O 等功能。

基于 NB-IoT 传输的终端计算核心目前主要有三大类别，包括 STM32[1]、Arduino[2]和树莓派[3]。需要注意的是，三者并不是处理器的 3 种品牌，而是 3 种嵌入式开发的类别，下面通过表 2-1 对主流嵌入式终端计算核心进行对比。

表 2-1　主流嵌入式终端计算核心对比

类别	运营机构	主要性能	扩展性	易开发性	成本	应用领域
STM32	瑞士日内瓦，意法半导体集团（STMicroele-ctronics）	微控制单元（Microcontroller Unit, MCU）: ARM 32 bit Cortex-M4 core, 最高运行频率为 168 MHz 存储器：1 MB 闪存，196 KB 静态随机存取存储器（Static Random-Access Memory, SRAM）	Flash、SRAM、I/O 口、控制器局域网络（Controller Area Network, CAN）总线都可以级联其他芯片扩展	支持 C、C++, 提供许多固件库函数使用	系统板：10～30 元不等	电力系统、工业控制、消费电子、国防军事

（续表）

类别	运营机构	主要性能	扩展性	易开发性	成本	应用领域
Arduino	意大利 Ivrea 小镇，Arduino 团队	MCU：ATmega328P，高性能、低功耗 AVR 8 位 MCU 存储器：Flash 32 KB，SRAM 2 KB	拥有 Wi-Fi、Wireless SD 等衍生扩展版	通过 Arduino 编程语言（基于 Wiring）和专属软件进行编辑	UNO 板：130 元左右	数据采集、机械控制、医疗设备
树莓派	英国，Raspberry Pi 基金会	CPU：Quad core Cortex-A72 (ARM v8) 64 bit @ 1.5 GHz 内存：1/2/4/8 GB (Rev1.2) LPDDR4	拥有多媒体接口，有众多扩展模块可实现不同功能	一般为 Linux 系统，支持 Python、Java、BBC BASIC、C 和 Perl 等编程语言	4B/2G 主板：350 元左右	网络平台、智能控制、智能家居、人工智能

4．通信模组

NB-IoT 通信模组包括 NB-IoT 芯片及使其工作的外围电路、工业封装和增量开发的软件协议栈。通常，NB-IoT 模组通过集成的串口通信协议与微处理器进行双向数据传输。

我国在 NB-IoT 技术上布局较早，相关芯片和模组产业成熟度非常高，主流模组品牌包括移远、芯讯通和中移物联等。本节通过 3 家模组特性对比，详细介绍主流模组的特点和区别。表 2-2 对移远公司的主流 NB-IoT 模组进行了对比。

表 2-3 对芯讯通公司的主流 NB-IoT 模组进行了对比。

表 2-4 对中移物联的主流 NB-IoT 模组进行了对比。

2.2　主流开发板对比与选型

开发板是用来进行嵌入式系统开发的电路板，包括中央处理器、存储器、输入设备、输出设备、数据通路/总线和外部资源接口等一系列硬件组件。开发板一般由嵌入式系统开发者根据开发需求自己订制，也可由用户自行研究设计。开发板可供初学者了解和学习系统的硬件和软件，同时部分开发板也提供基础集成开发环境的软件源代码和硬件原理图等。下面介绍几种 NB-IoT 终端开发常用的开发板。

表 2-2 移远公司主流 NB-IoT 模组对比

型号	供电	频段	协议栈	接口	功耗	主要优势
BC35-G	3.1~4.2 V	H-FDD: B1/B3/B8/B5/B20/B28	IPv4/IPv6/UDP/CoAP/LwM2M/Non-IP/DTLS/TCP/MQTT	USIM×1 UART×2 ADC×1 RESET×1 天线接口×1	3 μA@省电模式 0.5 mA@空闲模式，DRX = 2.56 s, ECL0 250 mA@射频发射状态，23 dBm (B1/B3) 220 mA@射频发射状态，23 dBm (B8/B5/B20) 280 mA@射频发射状态，23 dBm (B28) 130 mA@射频发射状态，12 dBm (B1/B3/B8/B5/B20/B28) 70 mA@射频发射状态，0 dBm (B1/B3/B5/B20/B28) 60 mA@射频接收状态	尺寸紧凑（23.6 mm×19.9 mm×2.2 mm）； 超低功耗、超高灵敏度； LCC 封装，适合批量生产； 封装设计兼容移远通信 NB-IoT BC95 R2.0 系列模块，易于产品升级； 内嵌网络服务协议栈； 通过提供参考设计、评估板和及时的技术支持可满足客户产品快速上市的要求
BC28	3.1~4.2 V	H-FDD: B1/B3/B8/B5/B20/B28	IPv4/IPv6/UDP/CoAP/LwM2M/Non-IP/DTLS/TCP/MQTT	USIM×1 UART×2 ADC×1 RESET×1 天线接口×1	3 μA@省电模式 0.5 mA@空闲模式，DRX = 2.56 s, ECL0 250 mA@射频发射状态，23 dBm (B1/B3) 220 mA@射频发射状态，23 dBm (B8/B5/B20) 280 mA@射频发射状态，23 dBm (B28) 130 mA@射频发射状态，12 dBm (B1/B3/B8/B5/B20/B28) 70 mA@射频发射状态，0 dBm (B1/B3/B5/B20/B28) 60 mA@射频接收状态	尺寸紧凑（17.7 mm×15.8 mm×2.0 mm）； 超低功耗、超高灵敏度； LCC 封装，适合批量生产； 封装设计兼容移远通信 GPRS M26 模块和 NB-IoT 系列的 BC26 模块，易于产品升级； 内嵌网络服务协议栈； 通过提供参考设计、评估板和及时的技术支持可满足客户产品快速上市的要求

（续表）

型号	供电	频段	协议栈	接口	功耗	主要优势
BC26	2.1～3.63 V	H-FDD: B1/B2/B3/B4/B5/B8/B12/B13/B17/B18/B19/B20/B25/B26/B28/B66	UDP/TCP/LwM2M/MQTT/SNTP/TLS/SSL	USB×1 USIM×1 PSM_EINT×1 UART×3 ADC×1 RESET×1 PWRKEY×1 网络灯×1 天线接口×1 SPI×1（仅 Cat NB1 QuecOpen®版本支持） I2C×1（仅 Cat NB1 QuecOpen® 版本支持） I2S×1（仅 Cat NB1 QuecOpen®版本支持） GPIO: 可配置（仅 Cat NB1 QuecOpen®版本支持）	3.5 μA@省电模式 0.24 mA@空闲模式（eDRX = 81.92 s） 0.35 mA@空闲模式（DRX = 2.56 s） 110 mA@LTE Cat NB1, 23 dBm	LCC 封装、超低功耗、超高灵敏度、尺寸紧凑；支持中国移动 OneNET/Andlink、中国电信 IoT/AEP 以及阿里云 IoT 等联网云平台；Cat NB1 制式下支持 QuecOpen®，可省去外围 MCU；预留内置 eSIM 卡位置，满足客制化需求；封装设计兼容移远通信 GSM/GPRS 模块，易于产品升级；支持多频段及丰富外部接口，内嵌网络服务协议栈，应用便利

表2-3　芯讯通公司主流NB-IoT模组对比

型号	供电	频段	协议栈	接口	功耗	主要优势
E7020	2.2～4.3 V	H-FDD： B1/B3/B5/B8	TCP/UDP/TLS/DTLS LwM2M/CoAP/MQTT	UART USIM（1.8/3 V） 网络灯 RESET ADC GPIO 注：接口数量未公布	官方未公布	多频段NB-IoT无线通信模块； 拥有丰富的硬件接口，包括串口、GPIO、ADC等，使模块具备丰富的可扩展性
SIM7028	2.2～4.3 V	H-FDD： B1/B2/B3/B4/ B5/B8/B12/B13/ B14/B17/B18/ B19/B20/B25/ B26/B28/B66/ B70/B85	TCP/UDP/TLS/DTLS LwM2M/CoAP/MQTT	UART USIM（1.8/3 V） 网络灯 RESET ADC GPIO 注：接口数量未公布	官方未公布	低功耗：模块支持PSM，理论上两节5号电池可支持10年； 广覆盖：相比较GSM，NB-IoT有很强的增益，信号覆盖很广，这也使产品在类似地下室之类的位置具备无线通信能力
E7025	2.2～4.5 V	H-FDD： B1/B3/B5/B8	TCP/UDP/TLS/DTLS LwM2M/CoAdiv/ MQTT	UART USIM（1.8/3 V） 网络灯 RESET ADC 注：接口数量未公布	官方未公布	低功耗：模块支持PSM，理论上两节5号电池可支持10年； 广覆盖：相比较GSM，NB-IoT有很强的增益，信号覆盖很广，这也使产品在类似地下室之类的位置具备无线通信能力

表2-4 中移物联主流NB-IoT模组对比

型号	供电	频段	协议栈	接口	功耗	主要优势
M5310-A	3.1～4.2 V	H-FDD: B3/B5/B8	IPv4/IPv6/Non-IP/UDP/TCP/CoAP/DTLS/LwM2M/HTTP/MQTT	USIM×1(1.8 /3.0 V)UART×2 RESET×1 ADC×1(10 bit) GPIO×5* 天线接口 Pads×1	3 μA@PSM 1.6 mA@空闲模式 mode (DRX=1.28 s) 220 mA@Tx (23 dBm/15 kHz ST) 40 mA@Rx	超小尺寸 NB-IoT 无线通信模组; 超低功耗, PSM/eDRX 多种模式组合选择; 多种子型号满足客户的差异化需求; 内嵌 OneNET、OceanConnect 等主流 IoT 平台SDK
M5311	2.1～3.6 V (M5311- LV) 3.0～3.6 V (M5311- CM)	H-FDD: B3/B5/B8	IPv4/IPv6/UDP/TCP/CoAP/LwM2M/HTTP/MQTT/TLS/HTTPS	USIM×1(1.8 /3.0 V) UART×2 SPI×1 RESET×1 I2C×1 ADC×1(10 bit) GPIO×2 天线接口 Pads×1	3 μA@PSM 0.4 mA@空闲模式 mode(DRX=1.28 s) 167 mA@Tx (23 dBm/15 kHz ST) 54 mA@Rx	超低功耗, PSM/eDRX 多种模式组合选择; 多种子型号满足客户的差异化需求; 内嵌 OneNET、OceanConnect、阿里、腾讯等主流 IoT平台 SDK
M5312	3.4～4.2 V	H-FDD: B8	IPv4/IPv6/Non-IP/UDP/TCP /CoAP/LwM2M/HTTP/HTTPS/MQTT	USIM×1(1.8 /3.0 V) UART×3 SPI×1* RESET×1 I2C×1* ADC×1(10 bit) GPIO×2 天线接口 Pads×1	4.3 μA@PSM 1.3 mA@空闲模式 mode (DRX=1.28 s) 90 mA@Tx (23 dBm/15 kHz ST) 38 mA@Rx	超低功耗, PSM/eDRX 多种模式组合选择; 内嵌 OneNET等主流 IoT平台SDK

1. 树莓派

树莓派开发板由其基金会出品，国内可以在主流购物网站中在线购买，其最新一代树莓派 4B 开发板如图 2-2 所示，硬件规格参数如表 2-5 所示。

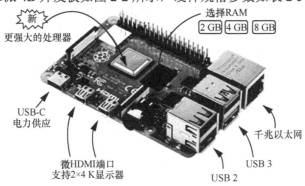

图 2-2　树莓派 4B 开发板

表 2-5　最新一代树莓派 4B 开发板硬件规格参数

参数	树莓派 4B
SoC	Broadcom BCM2711
CPU	ARM Cortex-A72 1.5 GHz（4 核）
GPU	500 MHz Video Core IV
内存	1/2/4/8 GB LPDDR4
USB 端口	2×USB3.0/2×USB2.0
最大分辨率	4K@60 Hz
视频接口	2×微 HDMI 接口
音频接口	3.5 mm 插孔，HDMI 或集成电路内置音频（Inter Integrated Circuit Sound，I2S）总线
板载存储	microSD 卡插槽
网络	千兆以太网口，Wi-Fi（802.11ac），蓝牙 5.0
外设	8×GPIO、UART、I2C
额定功率	3 A（15 W）
电源输入	5 V USB-TypeC
总体尺寸	88 mm×58 mm×19.5 mm
操作系统	Raspbian，Ubuntu Mate，Snappy Ubuntu Core，OpenELEC，Pidora，Windows 10 IoT，RISC OS，Arch Linux ARM，Kali Linux

2. Arduino

Arduino 的开发板型号有很多，主流的是 UNO（如图 2-3 所示）和 Leonardo（如图 2-4 所示），两者的规格参数对比如表 2-6 所示。

图 2-3　Arduino UNO 开发板

图 2-4　Arduino Leonardo 开发板

表 2-6　Arduino 开发板规格参数对比

参数	Arduino UNO	Arduino Leonardo
微控制器	ATmega328p	ATmega32u4
工作电压	5 V	5 V
输入电压（推荐）	7～12 V	7～12 V
输入电压（极限）	6～20 V	6～20 V
数字 I/O 引脚	14（其中 6 路提供 PWM 输出）	20
PWM 数字 I/O 引脚	6	7
模拟输入引脚	6	12
每个 I/O 引脚的直流电流	20 mA	40 mA
3.3 V 引脚的直流电流	50 mA	50 mA
闪存	32 KB	32 KB（其中 4 KB 由 bootloader 使用）
SRAM	2 KB	2.5 KB
EEPROM	1 KB	1 KB
时钟速度	16 MHz	16 MHz
LED_BUILTIN	13	13
长度	68.6 mm	68.6 mm
宽度	53.4 mm	53.3 mm
重量	25 g	20 g

3. STM32 系列

由于 NB-IoT 主要面向低功耗和低成本的工业应用领域，与其配套的终端处理器一般也同样采用低功耗和低成本的解决方案。以移远为代表的国内 NB-IoT 模组厂商也推出了基于 OpenMCU 的以模组作为主处理器的应用方式，进一步降低物联网终端成本，不过此方案对需要灵活外围扩展功能的应用场景比较受限。所以，主流的市场解决方案是采用 ST（意法半导体）公司的 STM32L4 系列处理器作为 NB-IoT 模组的计算与控制单元。

利用开发板学习和功能测试，可以采用 STM32 独立开发板（如 ST 公司官方认证的 NUCLEO STM32 开发板，如图 2-5 所示），将该独立开发板与小熊派推出的移远 NB-IoT 模组核心板（如图 2-6 所示）利用串口线连接。

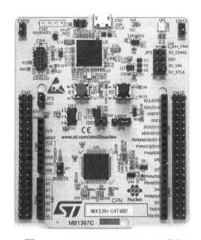

图 2-5　NUCLEO STM32 开发板　　图 2-6　小熊派推出的移远 NB-IoT 模组核心板

本书推荐初学者采用集成开发板——小熊派 IoT 开发板，它是一款由南京小熊派智能科技有限公司联合华为技术有限公司设计的高性能物联网开发板[4]。正如市场上常见的"树莓派""香橙派"开发板，"小熊派"也采用行业认可的传感器与控制单元标准接口和无线通信接口，在以 STM32 为核心计算模块的基础上，用户可根据需求灵活选择传感器控制单元和通信单元的扩展板，如图 2-7 所示。本书后面的章节内容主要以该开发板为例进行实战阐述，用户可以通过官方渠道购买后获取该开发板的完整资料。该开发版的主要参数如表 2-7 所示。

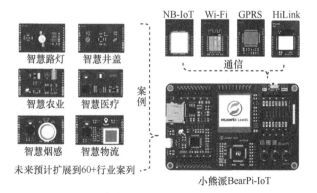

图 2-7　小熊派开发板和扩展板官方示意

表 2-7　小熊派 IoT 开发板主要参数

参数	小熊派 Bear PI
CPU	STM32L431RCT6
工作频率	80 MHz
存储	256 KB Flash，64 KB SRAM
系统	可选 LiteOS
传感器	支持 E53 系列传感器案例扩展板
通信	NB-IoT、2G、Wi-Fi、HiLink
主板供电	通过 USB 5 V 供电或者外部 5 V 供电
显示屏	1.3'TFT，240×240 分辨率
LED 灯	上电指示 LED，红色；下载指示 LED，一个用户定义 LED，蓝色
按键	一个复位按键，两个功能按键
SD 卡	系统支持最大 32 GB 的 SD 卡存储扩展
外扩 Flash	外扩 8 MB SPI Flash
On-board	ST-Link/V2.1
工作电压	3.1~4.2V，典型供电电压 3.3 V
PSM 下典型耗流	3 μA

2.3　感知终端软件系统

NB-IoT 作为物联网 LPWAN 领域的代表技术，其硬件平台一般采用的是物联网操作系统，与"嵌入式操作系统"一样，是一类操作系统的统称。

物联网操作系统作为 NB-IoT 节点的软件系统核心，负责向上层应用程序提供硬件驱动、资源管理、任务调度以及编程接口等，其与桌面操作系统的主要区别在于硬件平台资源极其有限[5]。目前国内外主流的 NB-IoT 节点操作系统包括 Mbed OS、Huawei LiteOS 和 AliOS Things、TencentOS tiny 等，特征对比如表 2-8 所示。

表 2-8　国内外主流物联网节点操作系统特征对比

操作系统	发表年份	开发语言	主要特色
Mbed OS	2014 年	C、C++	面向 ARM 公司 Cortex-M 系列处理器，开发代码简洁，易上手，功能强大
Huawei LiteOS	2015 年	C	最小内核占用空间为 6 KB，通过 MCU 和通信模组二合一的 OpenCPU 架构，显著降低终端体积和终端成本
AliOS Things	2017 年	C、JavaScript	ROM 小于 2 KB，支持阿里巴巴自研的 uMesh 技术，支持物联网设备自动建立通信网络
TencentOS tiny	2019 年	C	ROM 1.8 KB，提供精简的 RTOS 内核，内核组件可裁剪可配置，可快速移植到多种主流 MCU 及模组芯片上

1．Mbed OS

Mbed OS 是 2014 年 ARM 专门基于 ARM Cortex-M 的 MCU 打造的一种现代化全协议栈操作系统，将物联网所需的所有基础组件，包括安全、通信传输与设备管理等功能，整合而成的一套完整软件。

2．Huawei LiteOS

在 2015 年 5 月 20 日华为网络大会上，华为发布最轻量级的物联网操作系统 Huawei LiteOS。Huawei LiteOS 是华为面向 IoT 领域构建的轻量级物联网操作系统，遵循 BSD-3 开源许可协议，可广泛应用于智能家居、个人穿戴、车联网、城市公共服务、制造业等领域，大幅降低设备布置及维护成本，有效降低开发门槛，缩短开发周期。

3．AliOS Things

AliOS Things 发布于 2017 年杭州云栖大会，是 AliOS 家族旗下的、面向 IoT 领域的轻量级物联网嵌入式操作系统，致力于搭建云端一体化 IoT 基础设备，具备极致性能，极简开发、云端一体、丰富组件、安全防护等关键能力，并支持终端设备连接到阿里云 Link，可广泛应用在智能家居、智慧城市、新出行等领域。

4．TencentOS tiny

腾讯物联网终端操作系统（TencentOS tiny）发布于 2019 年，它是腾讯面向物联网领域开发的实时操作系统，具有低功耗、低资源占用、模块化和安全可靠等特点，可有效提升物联网终端产品开发效率。TencentOS tiny 提供精简的实时操作系统（Real-Time Operating System，RTOS）内核，内核组件可裁剪可配置，可快速移植到多种主流 MCU 及模组芯片上。而且，基于 RTOS 内核提供了丰富的物联网组件，内部集成主流物联网协议栈，可助力物联网终端设备及业务快速接入腾讯云物联网平台。

2.4　开发环境准备

2.4.1　STM32 集成开发环境对比

1．Keil MDK（收费）

Keil，即 MDK-ARM 软件，为基于 Cortex-M、Cortex-R4、ARM7、ARM9 处理器设备提供了一个完整的开发环境。MDK-ARM 专为微控制器应用而设计，不仅易学易用，而且功能强大，能够满足大多数苛刻的嵌入式应用开发需求。

2．IAR Embedded Workbench（收费）

IAR Embedded Workbench 是瑞典 IAR Systems 公司为微处理器开发的一个集成开发环境，支持 ARM、AVR、MSP430 等芯片内核平台。

3．基于 CLion 的 STM32 开发环境配置（CLion 收费，教育邮箱免费）

GCC-ARM-NONE-EABI：交叉编译工具。

MinGW：C/C++编译器。

OpenOCD：调试下载工具。

ST-Link/JLink 驱动：驱动程序烧写。

STM32CubeMX：配置 STM32 单片机功能，生成基本工程和初始代码。

CLion：C/C++开发环境（核心）。

4．STM32CubeIDE

ST（意法半导体公司）和 NXP（恩智浦半导体公司）都推出了基于 Eclipse+GCC 的集成开发环境。NXP 推出的是 MCUXpressoIDE；ST 公司推出的是 STM32CubeIDE。一般来说，使用芯片厂商的集成开发环境（Integrated Development Environment，IDE）比使用利用 Eclipse 或其他通用 IDE 工具+GCC 自行搭建的环境方便。下面，本节分别以基于 Jet Brains CLion 搭建开发环境和基于 STM32CubeIDE 搭建集成环境为例进行说明。

2.4.2　基于 JetBrains CLion 搭建开发环境

基于 JetBrains CLion 的开发环境搭建流程如图 2-8 所示。

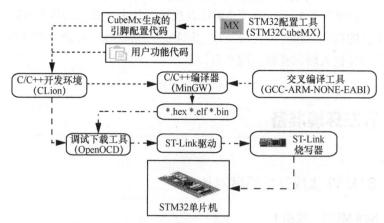

图 2-8　基于 JetBrains CLion 的开发环境搭建流程

具体步骤如下。

（1）安装 GCC-ARM-NONE-EABI（交叉编译工具）

在一种计算机环境中运行的编译程序，能编译出在另外一种环境下运行的代码，我们就称这种编译器支持交叉编译，这个编译过程就叫交叉编译。简单地说，就是在一个平台上生成另一个平台上的可执行代码。因为 STM32 处理器是 ARM 架构，而我们使用的开发环境上位机主要是 x86 架构，所以需要交叉编译。值得注意的是，需要勾选"Add path to environment variable"，添加环境变量，交叉编译工具安装如图 2-9 所示。

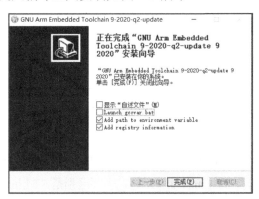

图 2-9　交叉编译工具安装

（2）安装 MinGW（C/C++编译器）

添加 MinGW 环境变量如图 2-10 所示。

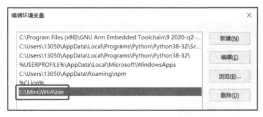

图 2-10　添加 MinGW 环境变量

（3）安装 OpenOCD（调试下载工具）

添加 OpenOCD 环境变量，如图 2-11 所示。

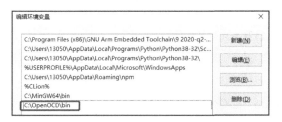

图 2-11　添加 OpenOCD 环境变量

在 OpenOCD 安装目录的 share\openocd\scripts\board 下新建一个“.txt”文本，新增配置文件；将该文件命名为“stm32l4x_mystlink.cfg”（转换为 cfg 格式），具体配置内容如图 2-12 所示。

图 2-12　stm32l4x_mystlink.cfg 配置文件内容

（4）安装 ST-Link（程序驱动烧写）

单片机仿真器是指以调试单片机软件为目的专门设计制作的一套专用的硬件装置。单片机仿真器有 ST-Link、JLink 等，主要区别是 ST-Link 仅支持 ST 旗下的 ARM，而 JLink 可支持所有 ARM。本开发板使用的是 ST-LinkV2.1 仿真器。

在 OpenOCD 安装目录的\drivers\ST-Link 下，点击 dpinst_amd64.exe 安装 64 位驱动程序，安装成功界面如图 2-13 所示。

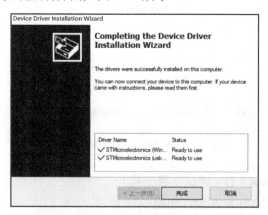

图 2-13　ST-Link 驱动程序安装成功界面

（5）安装 STM32CubeMX

STM32CubeMX 基于 Java 开发，所以需要先配置 Java 运行环境，如图 2-14 所示。

（6）安装 CLion（C/C++开发环境）

在 JetBrains 官网下载 CLion 安装包，根据提示安装即可，如图 2-15 所示。

图 2-14　配置 Java 环境

图 2-15　安装 CLion 环境

（7）配置基本开发工程

① 创建 STM32CubeMX 工程

打开 STM32CubeMX，新建开发工程，如图 2-16 所示。

图 2-16　新建开发工程

② 选择 STM32L431RCTx 型号

本书使用的小熊派开发板上 STM32 处理器型号为 STM32L431RCT6 和 STM32F103CBT6。其中，STM32L431RCT6 驱动开发板及开发板连接的扩展板执行相应的功能，是整块开发板的核心部分；STM32F103CBT6 驱动开发板作为 ST-Link 烧写器和调试器。以 STM32L431RCT6 驱动开发板为例，其命名规则如下。

- 产品系列：STM32 代表 ST 品牌 Cortex-Mx 系列内核（ARM）的 32 位 MCU。
- 产品类型：L 表示低电压（1.65～3.6 V）。
- 产品子系列：431。
- 引脚数：R 表示 64 个 PIN。
- Flash 容量：C 表示 256 KB Flash。
- 封装：T 代表封装类型为小型四侧引脚扁平封装（Low-profile Quad Flat Package，LQFP）。
- 温度范围：6 表示温度范围为–40℃～85℃（工业级）。

选择对应的单片机型号，如图 2-17 所示。

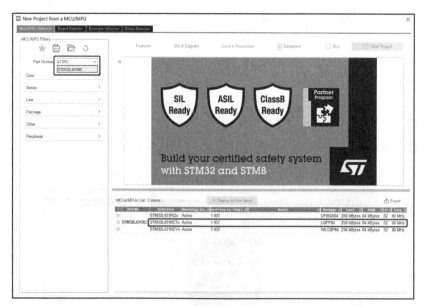

图 2-17　选择单片机型号

③ 设置工程文件名字及其保存目录

选择工程路径和类型如图 2-18 所示。在 Toolchain/IDE 下拉菜单中，需要选择 SW4STM32 才可以将其导入 CLion 环境中。

图 2-18　选择工程路径和类型

④ 生成代码，保存至指定位置

如图 2-19 所示，点击生成工程代码，一般选择按每个外围模块分别初始化，便于后期的功能扩展和代码管理。

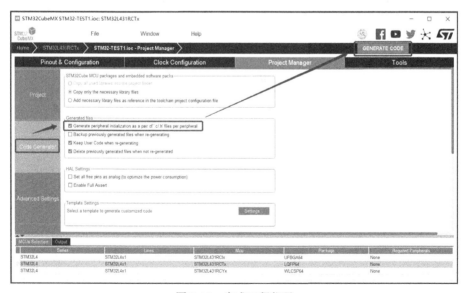

图 2-19　生成工程代码

⑤ 在 CLion 中打开对应的工程文件

导入工程至 CLion，如图 2-20 所示。

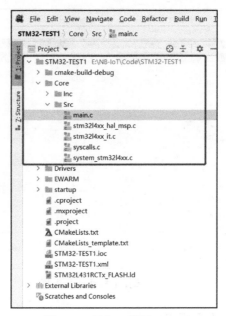

图 2-20　导入工程至 CLion

⑥ 选择编译调试配置，导入配置文件

如图 2-21 和图 2-22 所示，在 CLion 中选择编译调试配置，导入步骤③新增的 OpenOCD 配置。

图 2-21　选择编译调试配置

图 2-22　导入配置文件

综上所述，基于 CLion 的开发环境配置比较烦琐，在配置环境中需要注意的事项较多，所以本书推荐初学者选择 2.4.3 节介绍的 STM32CubeIDE 工具作为开发环境。

2.4.3 基于 STM32CubeIDE 的集成环境搭建

1. 安装 STM32CubeIDE

STM32CubeIDE 是 ST 公司推出的 STM32 的集成开发环境，在其官网下载最新版本即可。图 2-23 所示为 STM32CubeIDE 下载示意，图 2-24 所示为 STM32CubeIDE 启动界面示意，该软件支持主流操作系统环境，用户可以自由选择。

图 2-23　STM32CubeIDE 下载示意

图 2-24　STM32CubeIDE 启动界面示意

2. IDE 软件的使用

① 新建 STM32 工程如图 2-25 所示。打开软件，进入初始界面，点击 Start

new STM32 project 按钮来新建项目。

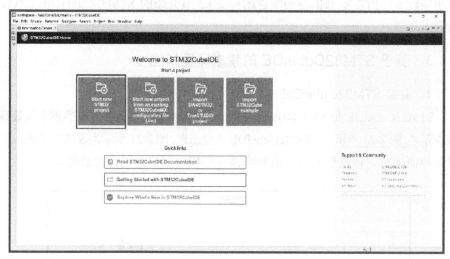

图 2-25　新建 STM32 工程

②　选择开发板对应的单片机型号，如图 2-26 所示。在 Part Number 栏中输入 STM32 型号，选择 STM32L431RCTx 项，点击 Next 按钮。

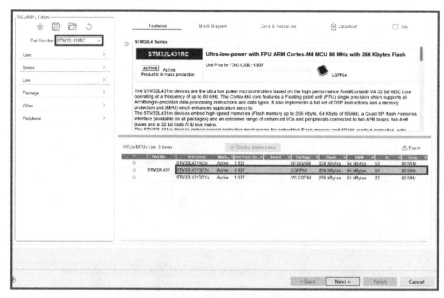

图 2-26　选择开发板对应的单片机型号

③　之后，等待资源下载完毕，并填入项目名称，点击 Finish 按钮，完成新项目的建立。

④ 打开单片机入口函数 main.c 文件，如图 2-27 所示。在左侧的 Project Explorer 栏中可以看到项目的目录，其中程序的入口函数在 Core/Src 文件夹中的 main.c 文件中。

图 2-27　打开单片机入口函数 main.c 文件

⑤ 打开 main.c 文件，可尝试编写调试 1～100 的求和计算程序，如图 2-28 所示。

```
85    /* Initialize all configured peripherals */
86    /* USER CODE BEGIN 2 */
87    int a=0;
88    int sum=0;
89    /* USER CODE END 2 */
90
91    /* Infinite loop */
92    /* USER CODE BEGIN WHILE */
93    while (1)
94    {
95      /* USER CODE END WHILE */
96      a++;
97      sum+=a;
98      if(a >= 100) break;
99      /* USER CODE BEGIN 3 */
100   }
101   /* USER CODE END 3 */
102 }
```

图 2-28　编写 1～100 求和计算程序

需要说明的是，STM32CubeIDE 可以根据单片机的功能配置生成相应的驱动代码，考虑到后续的工程可扩展性和可维护性，用户自定义的代码需要按照代码注释提示(USER CODE BEGIN 到 USER CODE END 之间)写入相应位置。当用户需要对工程进行扩展或者缩减单片机功能时,用户自定义的代码并不会被替换,这样可提高开发效率。

⑥ 编译与调试工具栏如图 2-29 所示,点击图形栏中的编译按钮(图形为锤子)进行编译。编译后无错误,点击 debug 测试按钮(图形为瓢虫)进行调试。

图 2-29　编译与调试工具栏

⑦ 提示打开调试窗口可以设置、查看断点、调试变量如图 2-30 所示,在弹出的询问窗口中点击 Switch,以便在开发界面的右端出现图 2-31 所示的变量取值调试窗口,观察各变量取值的变化情况。

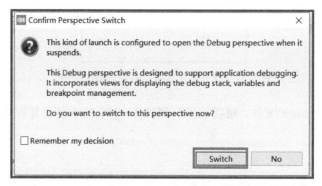

图 2-30　提示打开调试窗口可以设置、查看断点、调试变量

(x)= Variables	⊙ Breakpoints	6⁄ Expressions	☰ Modules
Name	Type	Value	
(x)= a	int	0	
(x)= sum	int	0	

图 2-31　变量取值调试窗口

⑧ 程序调试如图 2-32 所示,在程序的第 100 行处点击右键,选择 Run to Line 来让程序直接执行到第 100 行并暂停。

⑨ 程序运行结果如图 2-33 所示,可以观察到 sum 的值正是 1~100 的累加求和。

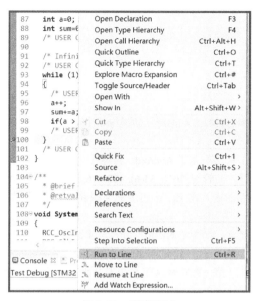

图 2-32　程序调试

图 2-33　程序运行结果

2.5　本章小结

本章介绍了感知终端的硬件架构，对市场上主流的 NB-IoT 软硬件进行了较为详细的选型对比介绍。同时，提供了 5G NB-IoT 终端的开发环境搭建方法。这些内容是后面实战练习和应用的前提基础。

2.6 参考文献

[1] 毕晓东. 意法半导体 STM32L4 演绎低功耗与高性能完美结合[J]. 电子技术应用, 2015, 41(7): 170.

[2] 朱轶, 曹清华, 单田华, 等. 基于 Android、树莓派、Arduino、机器人的创客技能教育探索与实践[J]. 实验技术与管理, 2016, 33(6): 172-176, 206.

[3] 李文胜. 基于树莓派的嵌入式 Linux 开发教学探索[J]. 电子技术与软件工程, 2014(9): 219-220.

[4] 熊保松, 李雪峰, 魏彪. 物联网 NB-IoT 开发与实践[M]. 北京: 人民邮电出版社出版, 2020.

[5] 彭安妮, 周威, 贾岩, 等. 物联网操作系统安全研究综述[J]. 通信学报, 2018, 39(3): 22-34.

第3章

5G NB-IoT 感知数据处理

3.1 基于 GPIO 的 LED 灯控制实战

3.1.1 GPIO 的基本概念

GPIO 是通用输入输出端口的简称，简单来说就是 STM32 可控制的引脚。STM32 芯片的 GPIO 引脚与外部设备连接起来，从而实现与外部通信、控制以及数据采集的功能。STM32 芯片的 GPIO 被分成很多组，每组最多有 16 个引脚，所有的 GPIO 引脚都有基本的输入输出功能[1]。

最基本的输出功能是由 STM32 控制引脚输出高、低电平，实现开关控制，如把 GPIO 引脚连接 LED 灯，通过改变引脚电平就可以控制 LED 灯的亮灭；将引脚连接到继电器或三极管，就可以通过继电器或三极管控制外部大功率电路的通断。

最基本的输入功能是检测外部电平，如把 GPIO 引脚连接到按键，通过识别输入电平的变化判断按键是否被按下。

3.1.2 GPIO 的工作模式

1. GPIO_Input

（1）输入浮空（GPIO_Mode_IN_FLOATING）

浮空就是逻辑器件与引脚既不接高电平，也不接低电平。浮空最大的特点就是电压的不确定性，它可能是 0 V，也可能是供电电压（Volt Current Condenser，

VCC），还可能是介于两者之间的某个值（最有可能）。

（2）输入上拉（GPIO_Mode_IPU）

上拉就是把点位拉高，比如拉到 VCC。上拉是将不确定的信号通过一个电阻嵌位在高电平，电阻同时起到限流的作用。

（3）输入下拉（GPIO_Mode_IPD）

下拉就是把电压拉低，拉到 GND，与上拉原理相似。

2．GPIO_Output

（1）推挽式输出（GPIO_Mode_Out_PP）

可以输出高、低电平，连接数字器件。推挽结构一般是指两个三极管分别受到互补信号的控制，总是在一个三极管导通的时候另一个三极截止。

（2）开漏输出（GPIO_Mode_Out_OD）

输出端相当于三极管的集电极，要得到高电平状态，需要上拉电阻才行，适于做电流型的驱动，其吸收电流的能力相对强（一般在 20 mA 以内）。

3．GPIO_Analog

一般情况下，用于将模拟信号转换成数字信号，配合 ADC 使用；它还可能用作比较器、DAC 等模拟外设的复用通道。

4．GPIO_EXIT#（#为中断对应的线号）

（1）外部中断模式（软件中断）

支持上升沿触发、下降沿触发或同时触发。

（2）事件中断模式（硬件中断）

支持上升沿触发、下降沿触发或同时触发。

3.1.3　LED 灯控制实战

图 3-1 所示为 LED 灯控制实战在物联网分层中的"端"侧部分所涉及的模块。

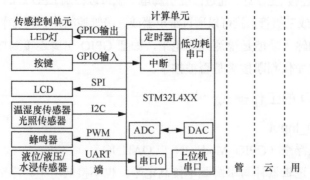

图 3-1　LED 灯控制实战在物联网分层中的"端"侧部分所涉及的模块

1. LED 灯原理

（1）小熊派主板板载 LED 灯原理

图 3-2 所示为板载 LED 灯原理示意。由图 3-2 可以看出，若 PC13 输出高电平，则 LD1 灯点亮；若 PC13 输出低电平，则 LD1 灯熄灭。

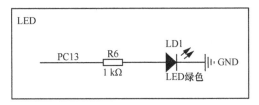

图 3-2　板载 LED 灯原理示意

（2）小熊派扩展板 IA1 上的 LED 灯原理

图 3-3 所示为扩展板 IA1 上的 LED 灯原理示意。由图 3-3 可以看出，若 LED_SW1 输出高电平，则 D1 灯点亮；若 LED_SW1 输出低电平，则 D1 灯熄灭。

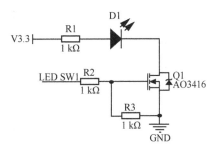

图 3-3　扩展板 IA1 上的 LED 灯原理示意

2. 单片机控制 LED 灯的引脚配置

（1）确定扩展板 LED 灯引脚如图 3-4 所示，确定单片机与主板板载 LED 灯引脚连线为 PC13。

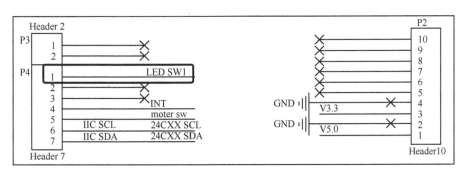

图 3-4　确定扩展板 LED 灯引脚

图 3-5 和图 3-6 所示分别为 E53 扩展板连线示意和确定单片机使能引脚号
示意,确定单片机与扩展板 IA1 上的 LED 灯引脚为 PA0。

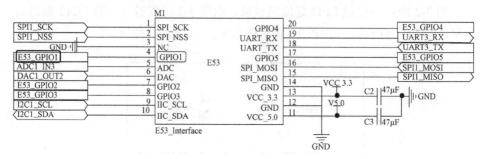

图 3-5　E53 扩展板连线示意

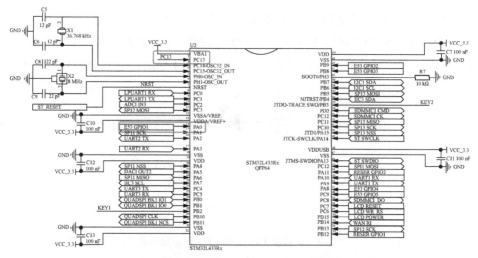

图 3-6　确定单片机使能引脚号示意

(2) 如图 3-7 所示,配置 PA0 及 PC13 为 GPIO_OUTPUT 模式。

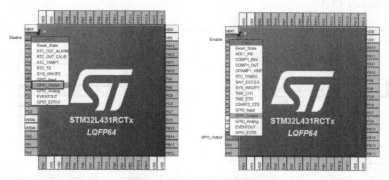

图 3-7　配置 PA0 及 PC13

（3）设置主板板载 LED 灯的引脚如图 3-8 所示，进一步设置每个 LED 灯的引脚为推挽式输出模式。

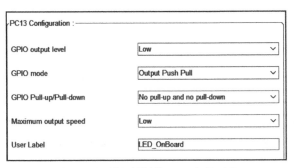

图 3-8　设置主板板载 LED 灯的引脚

同时，设置扩展板 LED 灯的引脚，如图 3-9 所示，配置用户标签以对其进行区分。

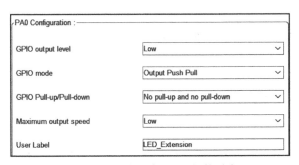

图 3-9　设置扩展板 LED 灯的引脚

（4）点击保存，生成驱动和初始引脚配置代码，如图 3-10 所示。

图 3-10　生成驱动和初始引脚配置代码

3．用户功能代码

在 main.c 的 while 循环中编写实现两个 LED 灯周期交替闪烁的代码如下。

```
while (1)
{
  HAL_GPIO_TogglePin(LED_OnBoard_GPIO_Port, LED_OnBoard_Pin);
  HAL_Delay(1000);
  HAL_GPIO_TogglePin(LED_OnBoard_GPIO_Port, LED_OnBoard_Pin);
  HAL_GPIO_TogglePin(LED_Extension_GPIO_Port, LED_Extension_Pin);
  HAL_Delay(1000);
  HAL_GPIO_TogglePin(LED_Extension_GPIO_Port, LED_Extension_Pin);
}
```

3.2 基于中断的按键输入实战

3.2.1 STM32 外部中断的基本概念

在 STM32 中，每一个 GPIO 都可以触发一个外部中断；但是，GPIO 的中断是以组为一个单位的，同组间的外部中断在同一时间只能使用一个。比如说，PA0、PB0、PC0、PD0、PE0、PF0、PG0 这些为一组，如果我们同时使用 PA0 和 PB0 作为外部中断源，那么产生中断时就无法区分是哪一个 GPIO 触发的中断。所以，需要使用类似于 PB1、PC2 这种末端序号不同的外部中断源。每一组使用一个中断标志 EXTIx。其中，EXTI0～EXTI4 这 5 个外部中断有自己单独的中断响应函数；而 EXTI5～EXTI9 共用一个中断响应函数，EXTI10～EXTI15 共用一个中断响应函数。对于中断的控制，STM32 有一个专用的管理机构内嵌向量中断控制器（Nested Vectored Interrupt Controller，NVIC）[2]。

3.2.2 按键中断控制 LED 灯实战

图 3-11 所示为按键中断控制 LED 灯实战在物联网分层中的"端"侧部分所涉及的模块。

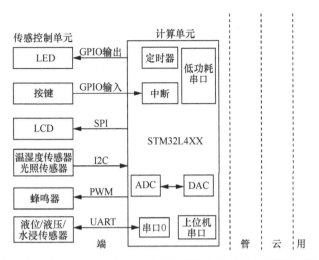

图 3-11　按键中断控制 LED 灯实战在物联网分层中的"端"侧部分所涉及的模块

1. 按键电路原理

图 3-12 所示为按键电路原理示意。

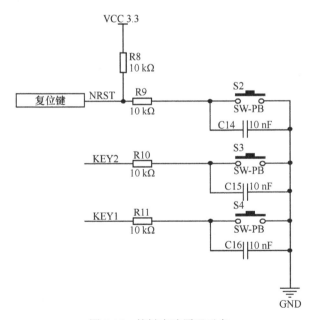

图 3-12　按键电路原理示意

小熊派开发板一共有 3 个按键，其中 KEY1 和 KEY2 可以作为用户自定义使用。由图 3-12 可知，若单片机输出的 KEY1 和 KEY2 均为上拉模式，则当按键按下时，会感受到高电平到低电平的变化。

2. 确定单片机按键输入的引脚配置

（1）查找单片机中 KEY1 和 KEY2 按键连接的引脚

图 3-13 为按键与单片机电路连接示意，KEY1 连接的引脚为 PB2，KEY2 连接的引脚为 PB3。

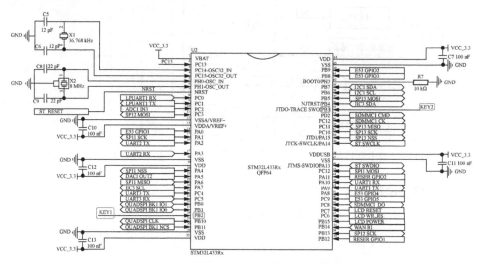

图 3-13　按键与单片机电路连接示意

（2）引脚配置说明

图 3-14 所示为引脚配置示意，配置 PB2 和 PB3 为外部中断模式（GPIO_EXIT）。

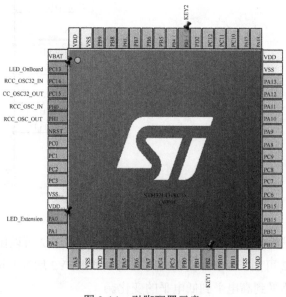

图 3-14　引脚配置示意

（3）设置引脚，并自行配置用户标签

图 3-15 所示为 PB2 引脚功能配置示意，图 3-16 所示为 PB3 引脚功能配置示意。GPIO 模式应该选择外部中断方式，上升/下降沿用户可自行选择测试，并观察 LED 灯的亮灭效果；同时配置 GPIO 为上拉模式。

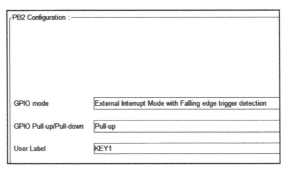

图 3-15　PB2 引脚功能配置示意

PB3 (JTDO-TRACESWO) Configuration :

GPIO mode	External Interrupt Mode with Falling edge trigger detection
GPIO Pull-up/Pull-down	Pull-up
User Label	KEY2

图 3-16　PB3 引脚功能配置示意

（4）启动中断

中断配置如图 3-17 所示。

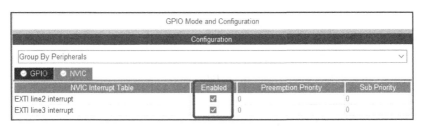

图 3-17　中断配置

（5）生成代码

完成上述配置后，点击保存按钮，生成相关代码。

3．用户功能代码

在 main.c 中添加外部中断回调函数，注意中断代码不需要添加到 while 循环体中。

```
void HAL_GPIO_EXTI_Callback(uint16_t GPIO_Pin)//外部中断回调函数
{
    if(GPIO_Pin==KEY1_Pin)
    {
        HAL_GPIO_TogglePin(LED_OnBoard_GPIO_Port,LED_OnBoard_Pin);
    }
    if(GPIO_Pin==KEY2_Pin)
    {
        HAL_GPIO_TogglePin(LED_Extension_GPIO_Port,LED_Extension_Pin);
    }
}
```

该函数实现了 KEY1（按键 F1）控制主板板载灯的亮灭，KEY2（按键 F2）控制扩展包 IA1 上灯的亮灭。

3.3　基于定时器中断的 LED 灯闪烁实战

图 3-18 所示为定时器中断控制 LED 灯闪烁实战在物联网分层中的"端"侧部分所涉及的模块。

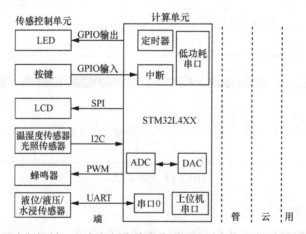

图 3-18　定时器中断控制 LED 灯闪烁实战在物联网分层中的"端"侧部分所涉及的模块

3.3.1　定时器的基本概念

定时器基本功能为定时，比如定时发送串口数据，定时进行 ADC 模拟数据转换。如果把定时器与 GPIO 结合起来使用，可以实现非常丰富的功能，如测量输入信号的脉冲宽度、生成波形等。定时器生成 PWM 控制电机状态是工业控制中的普遍方法[3]。

3.3.2　定时器中断控制 LED 灯实战

定时器中断是由单片机中的定时器溢出而申请的中断。本实战采用微处理器中的 TIM2 定时器，具体步骤如下。

（1）选择时钟

注意 TIM2 时钟频率由 APB1 提供，配置定时器 2 的时钟源为内部时钟，如图 3-19 所示。

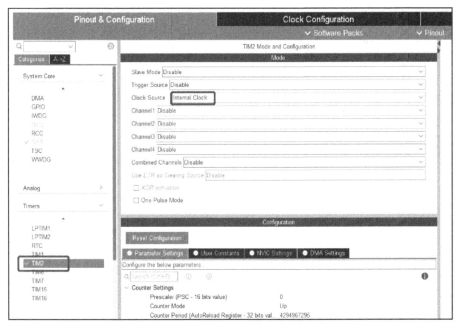

图 3-19　时钟源配置

（2）确定定时时间

定时时间=1/[时钟频率/(预分频+1)/(计数周期+1)]

如图 3-20 所示，通过参数设置定时时间。

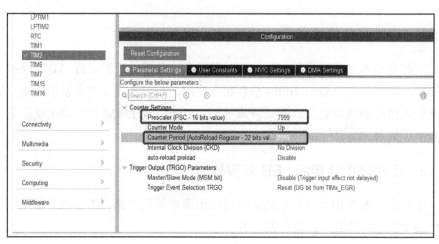

图 3-20　定时器 2 参数配置

要实现定时时间为 1 s，时钟频率为 80 MHz，所以配置 Prescaler（预分频）为 8 000-1，Counter Period（计数周期）为 10 000-1，通过定时时间公式即可计算出定时时间为 1 s。

（3）开启中断

如图 3-21 所示，开启定时中断。

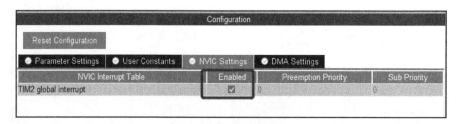

图 3-21　中断配置

（4）启动定时中断

HAL_TIM_Base_Start_IT(&htim2)为触发 TIM2 中断定时器。

```
/*在 while 前启动 TIM2 定时中断*/
/* USER CODE BEGIN 2 */
HAL_TIM_Base_Start_IT(&htim2);
/* USER CODE END 2 */
```

（5）编写定时中断回调功能

```
/* USER CODE BEGIN 4 */
void HAL_TIM_PeriodElapsedCallback(TIM_HandleTypeDef *htim2) {
```

```
        HAL_GPIO_TogglePin(LED_OnBoard_GPIO_Port, LED_OnBoard_Pin);
        HAL_GPIO_TogglePin(LED_Extension_GPIO_Port, LED_Extension_Pin);
}
/* USER CODE END 4 */
```

即系统每 1 s 启动一次中断，执行回调函数，实现主板 LED 灯的周期闪烁。

3.4　基于串口的数据收发实战

3.4.1　串口通信的基本概念

串口通信是一种设备间常用的串行通信方式，串口一般有两种电平标准，一种为 RS-232 标准，另一种为 TTL 电平标准，后者通常在单片机中采用。STM32 芯片具有多个通用同步/异步收发器（Universal Synchronous/Asynch ronous Receiver Transmitter，USART），支持同步和异步串口通信，一般情况下采用异步通信方式，简化设计复杂度。串口通信可以用于代码调试、日志跟踪和控制支持串口通信的外接设备[4]。

3.4.2　串口通信实战

图 3-22 所示为串口通信实战在物联网分层中的"端"侧部分所涉及的模块。

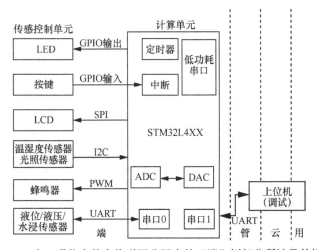

图 3-22　串口通信实战在物联网分层中的"端"侧部分所涉及的模块

1. 根据图 3-23 确定 UART1 引脚

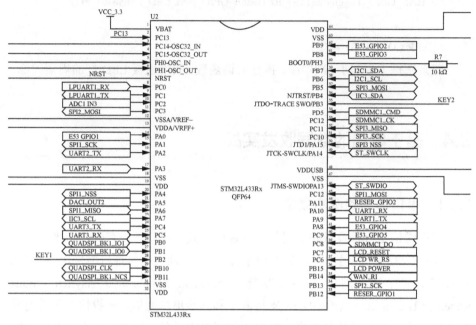

图 3-23　确定 UART1 对应接口为 PA9 和 PA10

2. 配置 UART1，选择异步通信方式，自定义波特率，开启中断

① 如图 3-24 所示，设置 USART1 引脚的模式为 Asynchronous（异步），Baud Rate（波特率）为 115 200 bit/s。

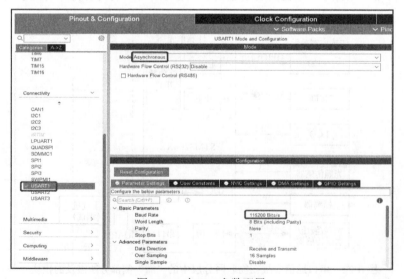

图 3-24　串口 1 参数配置

② 如图 3-25 所示，开启中断。

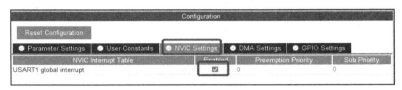

图 3-25　中断配置

③ 如图 3-26 所示，主板单片机的 PA10 和 PA9 引脚分别选择 USART1_RX 和 USART1_TX。点击保存，生成工程基本代码。

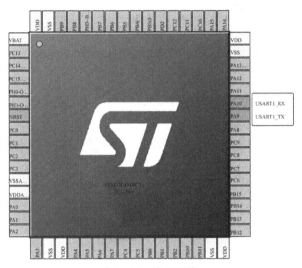

图 3-26　串口引脚

3．添加串口接收变量、中断和打印发送功能

① 在 usart.h 中添加如下代码，定义外部变量。

```
/* USER CODE BEGIN Private defines */
extern uint8_t aRxBufferUart1[];
extern uint8_t USART1_RX_BUF[];
extern volatile uint16_t USART1_RX_LEN;
/* USER CODE END Private defines */
```

② 在 usart.c 中添加如下代码，定义相关常量和变量，自定义接收缓存。

```
/* USER CODE BEGIN 0 */
#define USART1_REC_LEN 512
uint8_t aRxBufferUart1[1];
```

```
uint8_t USART1_RX_BUF[USART1_REC_LEN];
volatile uint16_t USART1_RX_LEN=0;
/* USER CODE END 0 */
```

③ 在usart.c的 USER CODE 1 中添加如下代码，实现将数据存入缓存中（一个字节一个字节地接收），同时，数组中有效数据长度自加；接收完本次数据后，再次开启接收中断，等待下次数据的到来。

```
/* USER CODE BEGIN 1 */
void HAL_UART_RxCpltCallback(UART_HandleTypeDef *huart)
{
    if (huart->Instance==USART1)
    {
        USART1_RX_BUF[USART1_RX_LEN++]=aRxBufferUart1[0];
    }
    HAL_UART_Receive_IT(&huart1, (uint8_t *)aRxBufferUart1, 1);
}
```

④ 在 usart.c 的 USER CODE 1 中添加如下代码，将系统 printf 函数定义为串口 1 发送。

```
//将系统 printf 函数定义为串口 1 发送
#ifdef __GNUC__
#define PUTCHAR_PROTOTYPE int __io_putchar(int ch)
#else
#define PUTCHAR_PROTOTYPE int fputc(int ch, FILE *f)
#endif
PUTCHAR_PROTOTYPE
{
    HAL_UART_Transmit(&huart1 , (uint8_t *)&ch, 1,0xFFFF);
    return ch;
}
/* USER CODE END 1 */
```

⑤ 在 main.c 中添加如下代码，在 while 循环前使能串口 1 接收中断，在 while 循环中实现将开发板 MCU 接收到的数据回传到 PC 上位机。

```
/* USER CODE BEGIN Includes */
#include "stdio.h"
```

```
#include "string.h"
/* USER CODE END Includes */
/* USER CODE BEGIN 2 */
HAL_UART_Receive_IT(&huart1, (uint8_t *) aRxBufferUart1, 1);
/* USER CODE END 2 */
/* USER CODE BEGIN 3 */
/*------------MCU 串口 1 从 PC 上位机接收数据------------------*/
if (USART1_RX_LEN > 0) {
        printf("%s\n", USART1_RX_BUF);//将接收到的数据再回传到 PC 上位机
        memset(USART1_RX_BUF, 0, USART1_RX_LEN);
        USART1_RX_LEN = 0;
}
HAL_Delay(1000);
```

4. 串口调试工具测试

① 如图 3-27 所示，在计算机设备管理器中查询串口号。

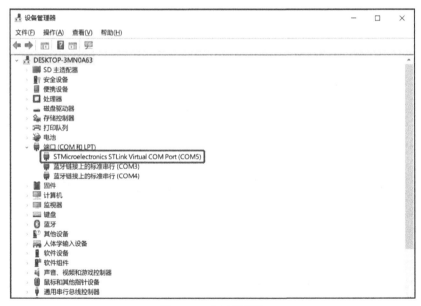

图 3-27　串口号查询

② 在串口调试工具中设置相应参数，本书中涉及的 NB-IoT 模组采用上海移远公司推出的模组，故串口工具也采用其公司推出的移远串口（Quectel COMmunication，QCOM），串口工具软件运行界面如图 3-28 所示。

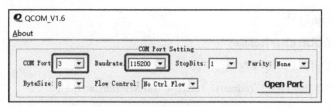

图 3-28　串口工具软件运行界面

③ 串口测试结果如图 3-29 所示。计算机将数据发送至 MCU 上，MCU 通过串口回传打印在串口调试工具上，该过程完成一次串口收发。

图 3-29　串口测试结果

3.5　基于 ADC 和 DAC 的电压输出与采集实战

3.5.1　基本概念

ADC 是 Analog-to-Digital Converter 的缩写，指模数转换器。我们常用的模拟信号，如温度、压力、电流等，如果需要转换成更容易存储、处理的数字形式，用模数转换器就可以实现[5]。

DAC 是 Digital-to-Analog Converter 的缩写，指数模转换器。数字量是用代码按数位组合起来表示的，对于有权码，每位代码都有一定的位权。为了将数字量转换成模拟量，必须将每一位的代码按其位权的大小转换成相应的模拟量，然后将这些模拟量相加，即可得到与数字量成正比的总模拟量，从而实现了数模转换。

图 3-30 所示为 ADC 和 DAC 的电压输出与采集实战在物联网分层中的"端"侧部分所涉及的模块。

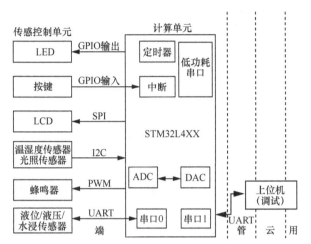

图 3-30　ADC 和 DAC 的电压输出与采集实战在物联网分层中的"端"侧部分所涉及的模块

3.5.2　AD/DA 转换实战

1．根据原理图确定引脚

根据图 3-31 和图 3-32 所示的 ADC 单片机接口和扩展板接口，可确定 ADC 引脚为 PC2，DAC 引脚为 PA5，用杜邦线将扩展板上的接口相连。

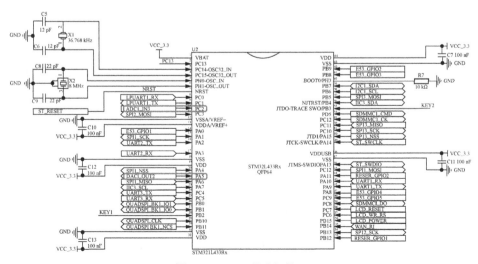

图 3-31　ADC 单片机接口

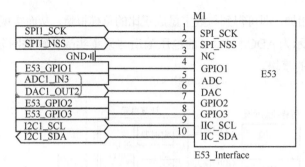

图 3-32　扩展板接口

2．CubeMX 引脚功能与时钟配置

① DAC 功能配置：如图 3-33 所示，将 DAC 模式配置为仅连接至外部输出。

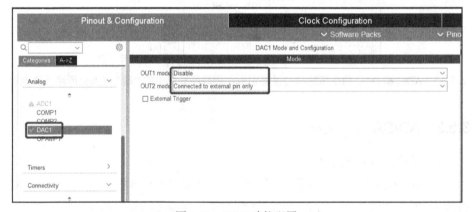

图 3-33　DAC 功能配置

② ADC 功能配置：如图 3-34 所示，将 ADC 模式配置为单端信号。

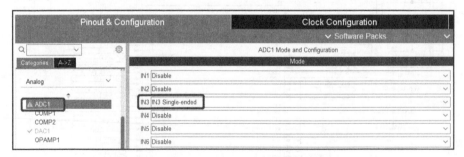

图 3-34　ADC 功能配置

如图 3-35 所示，开启 ADC 中断。

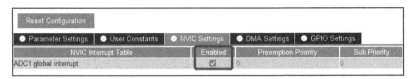

图 3-35　ADC 中断配置

如图 3-36 所示，开启 ADC 的 DMA 通道。

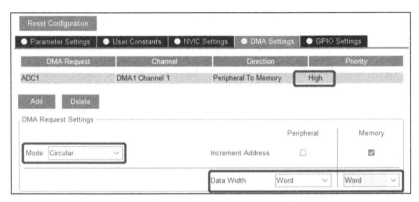

图 3-36　开启 ADC 的 DMA 通道

如图 3-37 所示，配置 ADC 精度。ADC 模数转换分辨率为 12 位，所以有

$$采样模拟值=\frac{采样值×实际电压}{2^{12}}$$

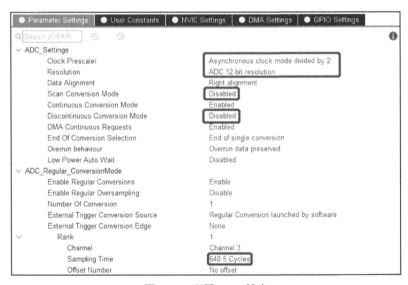

图 3-37　配置 ADC 精度

③ 如图 3-38 所示，配置 ADC 时钟。

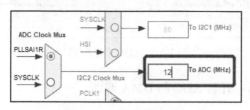

图 3-38　配置 ADC 时钟

④ 参考 3.4.2 节设置 USART1 引脚模式。

⑤ 参考 3.2.2 节设置按键引脚模式，实现用按键改变 DACvalue 值。

⑥ 完整的 ADC 和 DAC 引脚配置如图 3-39 所示。

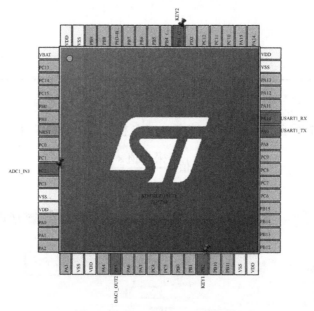

图 3-39　ADC 和 DAC 引脚配置

3. 代码编写

① 定义并初始化 DAC 和 ADC 的值，在 while 循环之前启动 DAC 和 ADC。

```
/* USER CODE BEGIN PV */
int DACValue = 0;
int ADCValue = 0;
float Voltage = 0.0;
/* USER CODE END PV */
```

```
/* USER CODE BEGIN 2 */
HAL_DAC_Start(&hdac1, DAC_CHANNEL_2);//启动 DAC 转换
HAL_ADC_Start_DMA(&hadc1, (uint32_t*)&ADCValue, 1);//启动 ADC
/* USER CODE END 2 */
```

② 代码实现板载 ADC 与 DAC 相连的电压输出与采集。

如图 3-40 所示,使用浮点数打印库,配置项目属性,支持浮点数打印。

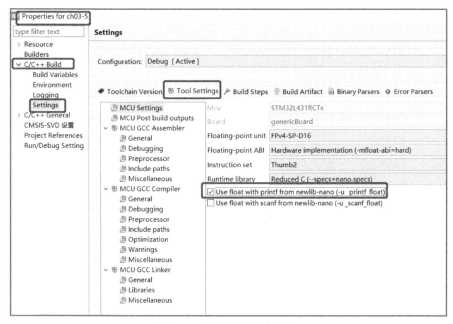

图 3-40 使用浮点数打印库

代码检测按钮信号,按下 KEY1 使 DAC 的值加 10,按下 KEY2 使 DAC 的值减 10;然后通过 ADC 采集将结果打印到屏幕上。

```
/* USER CODE BEGIN 4 */
void HAL_GPIO_EXTI_Callback(uint16_t GPIO_Pin)//外部中断回调函数
{
if(GPIO_Pin==KEY1_Pin){
    //DAC
    DACValue += 10;
    if(DACValue > 255)
        DACValue = 255;
    HAL_DAC_SetValue(&hdac1, DAC_CHANNEL_2,DAC_ALIGN_8B_R, DACValue);
```

```
        printf ("Press KEY1\nDACvalue: %d, OutVoltage: %1.3f\r\n", DACValue, DACValue*
        3.3/255);
        //ADC
        Voltage = ADCValue*3.3/4096;//2^12=4096
        printf("SampledVoltage:%1.3f\r\n", Voltage);
    }
    if(GPIO_Pin==KEY2_Pin){
        //DAC
        if(DACValue > 0)
            DACValue -= 10;
        HAL_DAC_SetValue(&hdac1, DAC_CHANNEL_2,DAC_ALIGN_8B_R, DACValue);
        printf("Press KEY2\nDACvalue:%d, OutVoltage: %1.3f\r\n", DACValue, DACValue*
        3.3/255);
        //ADC
        Voltage = ADCValue*3.3/4096;//2^12=4096
        printf("SampledVoltage:%1.3f\r\n", Voltage);
    }
    }
/* USER CODE END 4 */
```

③ DAC 输出和 ADC 采集的串口打印结果如图 3-41 所示。

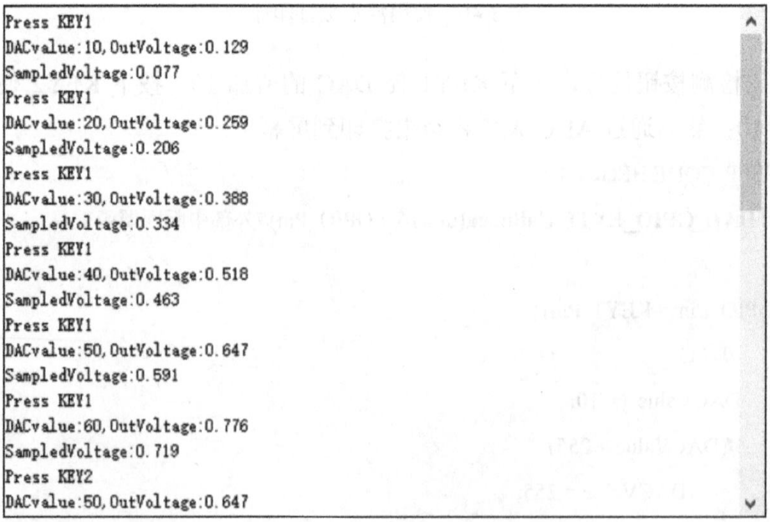

```
Press KEY1
DACvalue:10, OutVoltage:0.129
SampledVoltage:0.077
Press KEY1
DACvalue:20, OutVoltage:0.259
SampledVoltage:0.206
Press KEY1
DACvalue:30, OutVoltage:0.388
SampledVoltage:0.334
Press KEY1
DACvalue:40, OutVoltage:0.518
SampledVoltage:0.463
Press KEY1
DACvalue:50, OutVoltage:0.647
SampledVoltage:0.591
Press KEY1
DACvalue:60, OutVoltage:0.776
SampledVoltage:0.719
Press KEY2
DACvalue:50, OutVoltage:0.647
```

图 3-41　DAC 输出和 ADC 采集的串口打印结果

3.6   基于 I2C 的温湿度传感器数据采集实战

3.6.1   I2C 的基本概念

I2C 是一种串行通信总线，使用多主从架构，由飞利浦公司在 1980 年为了让主板，嵌入式系统或手机连接低速周边装置而提出。I2C 的正确读法为"I-squared-C"，在中国则多以"I 方 C"称之。I2C 总线支持任何 IC 生产过程（NMOS CMOS、双极性）。两线——串行数据线和串行时钟线在连接到总线的器件间传递信息。每个器件都由一个唯一的地址识别，而且都可以作为一个发送器或接收器（由器件的功能决定）[6]。

I2C 的主要特征是只要求两条总线线路，一条是串行数据线，另一条是串行时钟线。每个连接到总线的器件都可以通过唯一的地址和一直存在的简单的主机/从机关系软件设定地址，主机可以作为主机发送器或主机接收器；I2C 是多主机总线，如果两个或更多主机同时初始化，数据传输可以通过冲突检测和仲裁防止数据被破坏；串行的 8 位双向数据传输位速率在标准模式下可达 100 kbit/s，快速模式下可达 400 kbit/s，高速模式下可达 3.4 Mbit/s。I2C 采用 7 位寻址，第一个字节的头 7 位组成了从机地址，最低有效位（Least Significant Bit，LSB）是第 8 位，它决定了传输的方向。第一个字节的 LSB 是"0"，表示主机会写信息到被选中的从机；"1"表示主机会向从机读信息，当发送了一个地址后，系统中的每个器件都在起始条件后将头 7 位与它自己的地址比较，如果一样，器件会判定它被主机寻址，至于是从机接收器还是从机发送器，都由 R/W 位决定。

图 3-42 所示为基于 I2C 的温湿度传感器数据采集实战在物联网分层中的"端"侧部分所涉及的模块。

3.6.2   温湿度读取实战

1. 根据原理图确定引脚

小熊派智慧农业扩展板上采用的 SHT30 是瑞士盛世瑞恩传感器公司生产的温湿度传感器，被市场广泛采用。

首先，由于 SHT30 的通信方式为 I2C，因此，信号引脚包括 IIC SDA 和 IIC SCL，如图 3-43 所示。

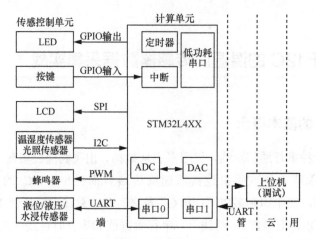

图 3-42 基于 I2C 的温湿度传感器数据采集实战在物联网分层中的"端"侧部分所涉及的模块

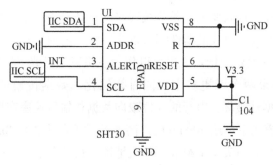

图 3-43 温湿度传感器 I2C 信号引脚

然后，如图 3-44 所示，找出该传感器所在的扩展板对应的引脚 IIC SDA 和 IIC SCL。

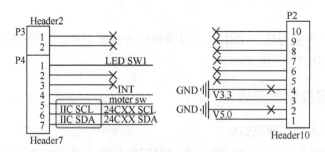

图 3-44 温湿度传感器扩展板对应的引脚

最后，如图 3-45 所示，找出该扩展板 IIC SDA 和 IIC SCL 引脚与开发板上 STM32L4 单片机的引脚连接方式，确定需要配置的单片机引脚，使能 I2C 功能。

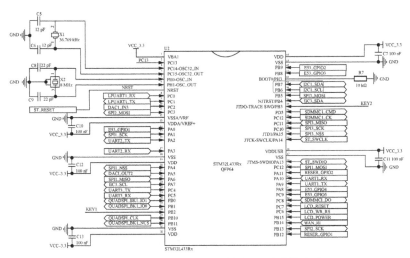

图 3-45 温湿度传感器单片机的引脚连接方式

2. CubeMX 引脚功能与时钟配置

① 如图 3-46 所示，设置 USART1 引脚的模式为 Asynchronous（异步）通信模式，用于上位机观察 SHT30 数据。

图 3-46 设置 USART1 引脚

② 使能 I2C1 功能，I2C 的配置参数保持默认即可；温湿度传感器单片机引脚如图 3-47 所示，确定 I2C 引脚为 PB7 和 PB6。

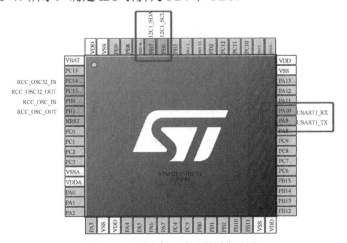

图 3-47 温湿度传感器单片机引脚

③ 如图 3-48 所示，配置 I2C 时钟。

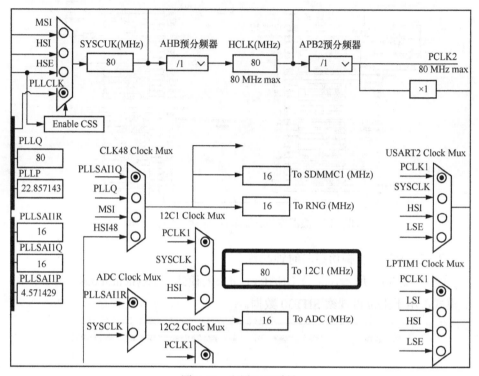

图 3-48　配置 I2C 时钟

3．代码编写

说明：以下部分代码源于小熊派开发板配套例程，原始例程代码读者可自行购买开发板后获取。

① 如图 3-49 所示，根据手册确定 SHT30 地址。

SHT3x-DIS	I2C Address in Hex. representation	Condition
I2C address A	0×44 (default)	ADDR（pin 2）connected to VSS

图 3-49　确定 SHT30 地址

```
/* USER CODE BEGIN PD */
/* 寄存器宏定义 */
#define SHT30_Addr 0x44
/* USER CODE END PD */
```

② 添加温湿度全局变量。

```
/* USER CODE BEGIN PV */

char deg[] = {0xa1,0xe3}; //℃

float Humidity;   //湿度

float Temperatrue;   //温度

/* USER CODE END PV */
```

③ 声明和定义温湿度读取函数。

```
/* USER CODE BEGIN PFP */

void Init_SHT30();

uint8_t SHT3x_CheckCrc(uint8_t data[], char nbrOfBytes, char checksum);

float SHT3x_CalcTemperatrueC(unsigned short u16sT);

float SHT3x_CalcRH(unsigned short u16sRH);

void Read_Data();

/* USER CODE END PFP */

/* USER CODE BEGIN 4 */

//初始化 SHT30，设置测量周期

void Init_SHT30(void)

{

    uint8_t SHT3X_Modecommand_Buffer[2] = {0x22, 0x36}; //periodic mode commands

    HAL_I2C_Master_Transmit (&hi2c1, SHT30_Addr << 1, SHT3X_Modecommand_

    Buffer, 2, 0x10); //send periodic mode commands

}

//检查数据正确性

uint8_t SHT3x_CheckCrc(uint8_t data[], char nbrOfBytes, char checksum)

{

    const int16_t POLYNOMIAL = 0x131;

    char crc = 0xFF;

    char bit = 0;

    uint8_t byteCtr = 0;

    //calculates 8-Bit checksum with given polynomial

    for (byteCtr = 0; byteCtr < nbrOfBytes; ++byteCtr)

    {

        crc ^= (data[byteCtr]);
```

```
            for (bit = 8; bit > 0; --bit)
        {
                if (crc & 0x80) crc = (crc << 1) ^ POLYNOMIAL;
                else crc = (crc << 1);
        }
    }
    if (crc != checksum)
        return 1;
    else
        return 0;
}
//温度计算
float SHT3x_CalcTemperatrueC(unsigned short u16sT)
{
    float temperatrueC = 0;    // variable for result
    u16sT &= ~0x0003;    // clear bits [1..0] (status bits)
    //-- calculate temperatrue [℃] --
    temperatrueC = (175 * (float) u16sT / 65535 - 45); //T = -45 + 175 * rawValue / (2^16-1)
    return temperatrueC;
}
//湿度计算
float SHT3x_CalcRH(unsigned short u16sRH)
{
    float humidityRH = 0;    // variable for result
    u16sRH &= ~0x0003;    // clear bits [1..0] (status bits)
    //-- calculate relative humidity [%RH] --
    humidityRH = (100 * (float) u16sRH / 65535);    // RH = rawValue / (2^16-1) * 10
    return humidityRH;
}
//测量温度、湿度
void Read_Data(void)
{
  uint8_t data[3];    //data array for checksum verification
```

```
unsigned short tmp = 0;

uint16_t dat;

uint8_t SHT3X_Fetchcommand_Bbuffer[2] = {0xE0, 0x00}; //read the measurement results

uint8_t SHT3X_Data_Buffer[6];   //byte 0,1 is temperatrue byte 4,5 is humidity

HAL_I2C_Master_Transmit (&hi2c1, SHT30_Addr << 1, SHT3X_Fetchcommand_
Bbuffer, 2, 0x10); //Read sht30 sensor data

HAL_I2C_Master_Receive (&hi2c1, (SHT30_Addr << 1) + 1, SHT3X_Data_Buffer, 6, 0x10);

/* check tem */

data[0] = SHT3X_Data_Buffer[0];

data[1] = SHT3X_Data_Buffer[1];

data[2] = SHT3X_Data_Buffer[2];

tmp = SHT3x_CheckCrc(data, 2, data[2]);

if (!tmp) /* value is true */

{
    dat = ((uint16_t) data[0] << 8) | data[1];

    Temperatrue = SHT3x_CalcTemperatrueC(dat);
}

/* check humidity */

data[0] = SHT3X_Data_Buffer[3];

data[1] = SHT3X_Data_Buffer[4];

data[2] = SHT3X_Data_Buffer[5];

tmp = SHT3x_CheckCrc(data, 2, data[2]);

if (!tmp) /* value is true */

{
    dat = ((uint16_t) data[0] << 8) | data[1];

    Humidity = SHT3x_CalcRH(dat);
}

}
/* USER CODE END 4 */
```

④ 初始化 SHT30 传感器。

```
/* USER CODE BEGIN 2 */

Init_SHT30();

/* USER CODE END 2 */
```

⑤ 循环获取温湿度并通过串口 1 打印输出到上位机。

```
/* USER CODE BEGIN WHILE */
while (1)
{
        /* USER CODE END WHILE */
        /* USER CODE BEGIN 3 */
        Read_Data();
        printf("Humidity is %d%%.\n", (int)Humidity);
        printf("Temperatrue is %d%s.\n\n", (int)Temperatrue,deg);
        HAL_Delay(2000);

}
        /* USER CODE END 3 */
```

图 3-50 所示为串口打印结果。

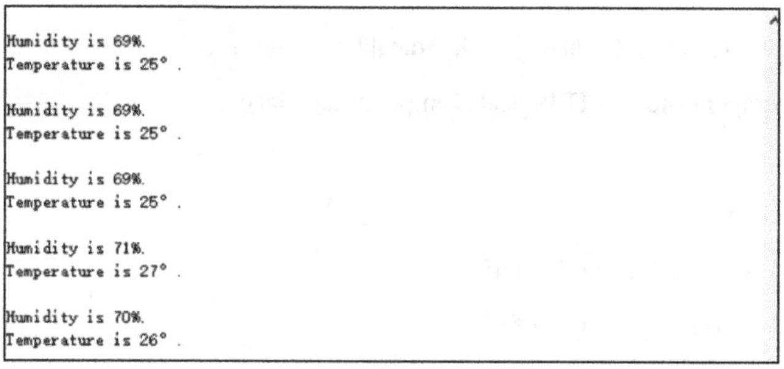

```
Humidity is 69%.
Temperature is 25° .

Humidity is 69%.
Temperature is 25° .

Humidity is 69%.
Temperature is 25° .

Humidity is 71%.
Temperature is 27° .

Humidity is 70%.
Temperature is 26° .
```

图 3-50　串口打印结果

3.7　基于 SPI 的 LCD 显示屏控制实战

3.7.1　SPI 的基本概念

SPI（Serial Peripheral Interface），即串行外设接口，是摩托罗拉公司推出的一种同步串行接口技术，是高速的、全双工的、同步的通信总线[7]。

SPI 主要采用四线制。

- CS（Chip Select），片选信号，由主设备控制。
- SCLK（Serial Clock），时钟信号，由主设备产生。

- MOSI（Master Output Slave Input），主设备输出/从设备输入。
- MISO（Master Input Slave Output），主设备输入/从设备输出。

小熊派板载 LCD 屏为 240×240 分辨率的彩色屏幕，基于 SPI 与单片机通信。

图 3-51 所示为基于 SPI 的 LCD 显示屏控制实战在物联网分层中的 "端" 侧部分所涉及的模块。

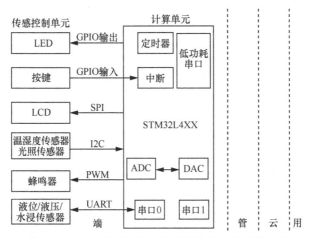

图 3-51　基于 SPI 的 LCD 显示屏控制实战在物联网分层中的 "端" 侧部分所涉及的模块

3.7.2　LCD 显示实战

1. 确定引脚

根据图 3-52 所示的单片机引脚和图 3-53 所示的 LCD 引脚确定引脚。

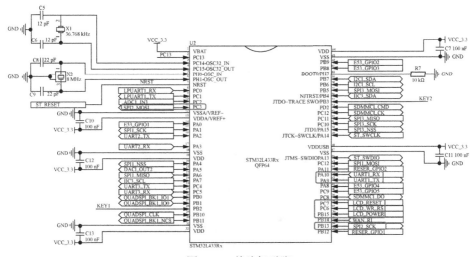

图 3-52　单片机引脚

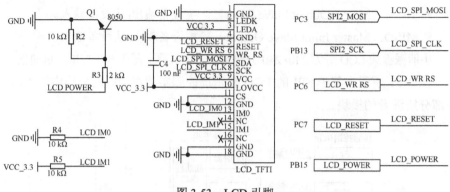

图 3-53　LCD 引脚

2. 配置功能引脚

①LCD 时钟源如图 3-54 所示，默认设置系统时钟为 80 MHz（最高），减少时延的损失。

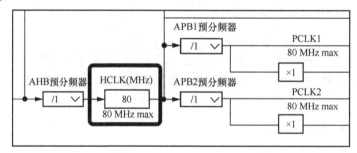

图 3-54　LCD 时钟源

② 根据图 3-55 所示的引脚配置和图 3-56 所示的引脚模式配置与标签描述，配置 LCD 复位、片选、电源引脚。

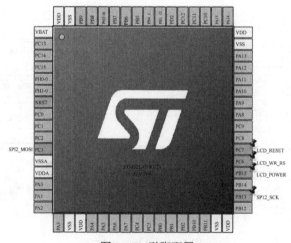

图 3-55　引脚配置

Pin Name	Signal on Pin	GPIO outpu...	GPIO mode	GPIO Pull-u...	Maximum o...	Fast Mode	User Label	Modified
PB15	n/a	Low	Output Pus...	No pull-up a...	Low	n/a	LCD_POWER	☑
PC6	n/a	Low	Output Pus...	No pull-up a...	Low	n/a	LCD_WR_RS	☑
PC7	n/a	Low	Output Pus...	No pull-up a...	Low	n/a	LCD_RESET	☑

图 3-56　引脚模式配置与标签描述

③ 根据图 3-57 配置 SPI2 功能为仅主机发送模式，并修改相应参数，使其与 LCD 通信。

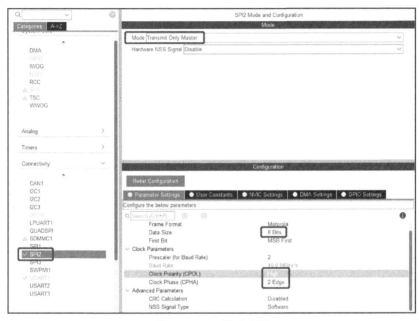

图 3-57　SPI 模式配置

3. 代码编写

① 在 spi.c 文件中添加如下代码，调用 SPI 的发送函数。

```
/* USER CODE BEGIN 1 */
uint8_t SPI2_ReadWriteByte(uint8_t TxData)
{
    uint8_t Rxdata;
    HAL_SPI_TransmitReceive(&hspi2,&TxData,&Rxdata,1, 1000);
    return Rxdata;
}
uint8_t SPI2_WriteByte(uint8_t *TxData,uint16_t size)
{
```

```
        return HAL_SPI_Transmit(&hspi2,TxData,size,1000);

    }
/* USER CODE END 1 */
```

② 如图 3-58 所示，在工程文件中引入小熊派开发板官方例程中的 font.h、lcd.h、lcd.c，原始例程代码读者可自行购买开发板后获取。

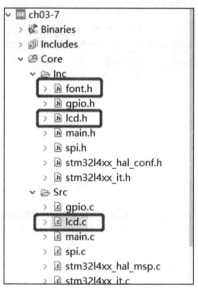

图 3-58　工程文件引入

③ 在 main.c 中添加如下代码。

```
/* USER CODE BEGIN Includes */
#include "lcd.h"
/* USER CODE END Includes */
    /* USER CODE BEGIN 2 */
    LCD_Init(); //LCD 初始化
    LCD_Clear(BLUE);//清屏为蓝色
    POINT_COLOR = WHITE;
    BACK_COLOR = BLUE;
    LCD_ShowString(10, 50 + 24 + 32 + 32, 240, 32, 32, "Hello SZTU");//显示字符串，字体
    大小 32*32
    /* USER CODE END 2 */
```

④ 对应 LCD 屏幕显示结果如图 3-59 所示。

图 3-59　LCD 屏幕显示结果

3.8　本章小结

通过本章的实战演练，读者可以熟悉 STM32L4 系列单片机的配置、功能代码设计、编译下载、调试等基本开发步骤，并对单片机的 GPIO、中断、定时器、串口、AD/DA、I2C 和 SPI 接口等基本功能有所了解，为后续 NB-IoT 模组和云平台的对接做好准备。

3.9　参考文献

[1]　石栋. 物联网工程中 GPIO 模拟串口通用构件研究[J]. 昆明学院学报, 2020, 42(6): 88-92, 97.

[2]　李韶光, 张志辉, 闫继送. 一种异步通知机制的GPIO中断方法[J]. 单片机与嵌入式系统应用, 2020, 20(5): 26-28.

[3]　李建波, 张永亮, 梁振华. STM32CubeMX 定时器中断回调函数的研究[J]. 电脑知识与技术, 2020, 16(8): 248-249, 273.

[4]　李建波, 陈榕福, 王劲. STM32Cube MX 串口中断回调函数的研究[J]. 电子世界, 2020(5): 7-8.

[5]　侯志伟, 包理群. 基于 STM32 的多重 ADC 采样技术研究与应用[J]. 工业仪表与自动化装置, 2019(3): 28-32.

[6]　孟臣, 李敏, 李爱传. I~2C 总线数字式温湿度传感器SHT11 及其在单片机系统的应用[J]. 国外电子元器件, 2004(2): 50-54.

[7]　杨立身, 张安伟, 王磊, 等. 基于 STM32 的 μC/GUI 外置 spi flash 字库研究与实现[J]. 液晶与显示, 2015, 30(2): 290-295.

第4章

5G NB-IoT 感知数据传输

4.1　NB-IoT 入网与通信实战

　　NB-IoT 由运营商部署，在开始通信前需要完成网络连接（Attach），收发数据时需要与具有公网 IP 地址的服务器进行通信，移远公司的 BC35-G 模组集成 TCP 与用户数据报协议（User Datagram Protocol，UDP）Socket 功能，可以使用其封装的指令控制数据收发[1]。

　　图 4-1 所示为 NB-IoT 入网实战在物联网分层中的"管"道部分所涉及的模块。

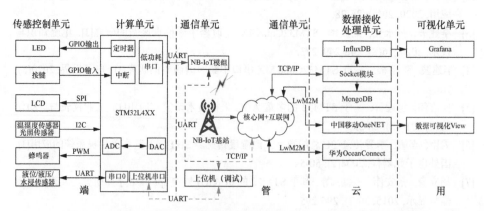

图 4-1　NB-IoT 入网实战在物联网分层中的"管"道部分所涉及的模块

4.1.1　基于串口的 NB-IoT 模组控制

1. 连接硬件

连接用户标志模块（Subscriber Identify Module，SIM）卡、主板、通信核心板 NB35-A、电源线。

① 通信核心板 SIM 卡槽如图 4-2 所示，取出开发套件中的 SIM 卡，裁剪成与通信模块 NB35-A 的卡槽相匹配的大小，并将卡插入卡槽直到 SIM 卡被固定住。

图 4-2　通信核心板 SIM 卡槽

② 扩展板插座方向示意如图 4-3 所示。连接好主板与通信模块 NB35-A，将通信模块装入图 4-3 中的无线网络模组接口位置。注意要让引脚相对应（天线朝外）。

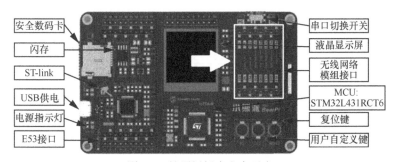

图 4-3　扩展板插座方向示意

③ USB 接口示意如图 4-4 所示。取出电源线，将其一端连接到图 4-4 中的 USB 供电处。

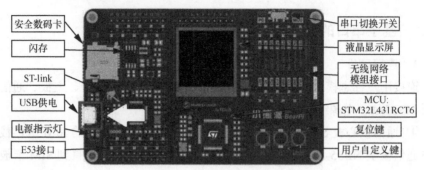

图 4-4 USB 接口示意

2. 修改通信频道

① 如图 4-5 所示，将小熊派开发板的 AT 开关拨至 PC 端，使 NB-IoT 模组与上位机直接进行通信。

图 4-5 模组 AT 开关位置

② 如图 4-6 所示，将串口调试工具的波特率设置为 9 600。

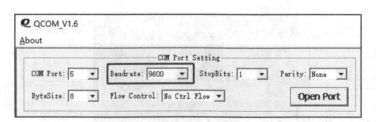

图 4-6 串口波特率设置

3. 串口调试方法

串口调试工具通过两种方式实现 AT 指令的测试。

① 串口工具发送指令如图 4-7 所示，在数据发送输入区输入 "AT"，然后勾选 "Send With Enter"，点击 "Send Command"，会看到数据收发显示区有 "OK"

的回复。

　　此处的"Send With Enter"充当 AT 指令的结束符,相当于"\r\n"。

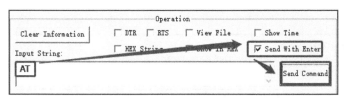

图 4-7　串口工具发送指令

　　② 串口工具记录常用指令集如图 4-8 所示,此时使用右侧的指令列表区,填写好指令之后,勾选"Enter"一栏,表示发送的时候自动发送回车换行,即"Send With Enter"。点击指令后面的数字"1、2、3…"表示发送对应标号的指令,依次发送完成之后在数据收发显示区查看 NB-IoT 模组回复的数据。

```
┌──────────────── Command List ────────────────┐
│ □ Choose All Commands              HEX □ Enter   Delay(mS)│
│ □ 1:  AT                            □  ☑   1    [      ]│
│ □ 2:  AT+NRB                        □  ☑   2    [      ]│
│ □ 3:  AT+CGSN=1                     □  ☑   3    [      ]│
│ □ 4:  AT+CIMI                       □  ☑   4    [      ]│
│ □ 5:  AT+NCCID                      □  □   5    [      ]│
│ □ 6:  AT+CGATT=1                    □  □   6    [      ]│
│ □ 7:  AT+CGATT?                     □  □   7    [      ]│
│ □ 8:  AT+CSQ                        □  □   8    [      ]│
│ □ 9:  AT+CEREG=1                    □  □   9    [      ]│
│ □ 10: AT+CEREG?                     □  □   10   [      ]│
│ □ 11: AT+NUESTATS                   □  □   11   [      ]│
└───────────────────────────────────────────────┘
```

图 4-8　串口工具记录常用指令集

4.1.2　NB-IoT 模组网络配置

1. AT+NRB

模块重启,"AT+NRB"运行结果如图 4-9 所示。

```
REBOOTING
?@ □
Boot: Unsigned
Security B.. Verified
Protocol A.. Verified
Apps A...... Verified

REBOOT_CAUSE_APPLICATION_AT
Neul
OK
```

图 4-9　"AT+NRB"运行结果

2．AT+CGSN=1

查询模组编号，返回值"+CGSN："后面的内容即模组编号，"AT+CGSN=1"
运行结果如图 4-10 所示。

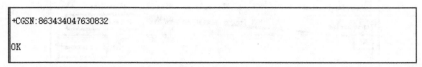

图 4-10 "AT+CGSN=1"运行结果

3．AT+CIMI

查询国际移动设备身份码，返回值即 SIM 卡卡号，"AT+CIMI"运行结
果如图 4-11 所示。

```
460046569102446

OK
```

图 4-11 "AT+CIMI"运行结果

4．AT+NCCID

获取 NB 卡的唯一编码（ICCID），"AT+NCCID"运行结果如图 4-12 所示。

图 4-12 "AT+NCCID"运行结果

5．AT+CGATT=1

设置模组入网，"AT+CGATT=1"运行结果如图 4-13 所示。

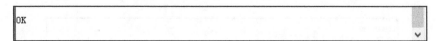

图 4-13 "AT+CGATT=1"运行结果

6．AT+CGATT?

查看是否附着网络，返回值为 1 说明成功附着网络，返回值为 0 说明还未
成功入网，这个时候如果发送"AT+CGATT=1"，返回 ERROR，说明 NB 模组
正在入网，"AT+CGATT?"运行结果如图 4-14 所示。

```
+CGATT:1

OK
```

图 4-14　"AT+CGATT?"运行结果

7．AT+CSQ

获取信号强度，"AT+CSQ"运行结果如图 4-15 所示。

```
+CSQ:15,99

OK
```

图 4-15　"AT+CSQ"运行结果

8．AT+CEREG=1

当发送"AT+CEREG=1"的结果为 OK 时，表明网络已经注册成功，"AT+CEREG=1"运行结果如图 4-16 所示。

```
OK
```

图 4-16　"AT+CEREG=1"运行结果

9．AT+CEREG?

查询模组网络连接注册状态，返回结果可能有以下 3 种。

+CEREG:.0,0

+CEREG:.0,1

+CEREG:.0,2

第一个 0 为功能码：若设置为 0，只有当请求的时候才会返回"+CEREG"这个结果；若设置为 1，一旦网络状态发生改变，会自动上报非请求结果码（Unsolicited Result Code，URC）通知。

第二位数字的 0、1、2：当为 0 的时候，说明网络还未注册，依旧在搜索信号；当为 1 的时候，表明网络已经注册成功了，可以正常使用；当为 2 的时候，这个是从 0 到 2 的转换，再次尝试入网，说明网络质量或者线路不流畅，模组在尝试入网。

本次"AT+CEREG?"运行结果如图 4-17 所示，结果表示网络已注册，当状态改变时会自动上报。

```
+CEREG:1,1

OK
```

图 4-17　"AT+CEREG?"运行结果

10. AT+NUESTATS

查询 UE 统计，"AT+NUESTATS"运行结果如图 4-18 所示。

```
Signal power:-963
Total power:-822
TX power:220
TX time:5431
RX time:46081
Cell ID:220148803
ECL:1
SNR:-27
EARFCN:3686
PCI:432
RSRQ:-157
OPERATOR MODE:4
CURRENT BAND:8

OK
```

图 4-18 "AT+NUESTATS"运行结果

4.1.3 NB-IoT 模组 Socket 通信

Socket 通信包括 TCP 和 UDP 两种协议，主要特点对比如表 4-1 所示。

表 4-1 TCP 和 UDP 主要特点对比

类别	是否连接	传输可靠性	应用场合	速度	数据正确性	数据顺序
TCP	面向连接	可靠	少量数据	慢	保证	保证
UDP	面向非连接	不可靠	传输大量数据	快	可能丢分组	不保证

TCP 在数据传输之前会有 3 次握手来建立连接，而且在数据传递时，有确认、窗口、重传、拥塞控制机制，在数据传完后，还会断开连接来节约系统资源。UDP 没有 TCP 的握手、确认、窗口、重传、拥塞控制机制，是一个无状态的传输协议，所以它在传递数据时非常快。没有 TCP 的这些机制，UDP 较 TCP 被攻击者利用的漏洞就要少一些，所以稍微比 TCP 安全。

小熊派开发板采用的移远模组 BC35-G 均集成上述两种协议，下面我们分别来进行实战演练。

1. UDP 数据传输

（1）云端运行 UDP 服务

UDP 服务采用 Python 语言实现，用户也可以自行选择其他工具，比如

SocketTool 等，代码如下。

```python
# !/usr/bin/env python3
# -*-coding: UTF-8 -*-
import socketserver
class MyUDPHandler (socketserver. BaseRequestHandler):
    def handle(self):
            self.data = self.request[0]   # 接收数据。数据以字符串形式返回
            print("接收到来自{}的数据： {}".format(self.client_address, self.data))
            self.request[1].sendto(self.data, self.client_address)   #将 data 发送到
            连接的套接字
if __name__ == "__main__":
    HOST = "0.0.0.0"
    PORT = 50066        # 服务器串口号（可自定义）
    server = socketserver.ThreadingUDPServer((HOST, PORT), MyUDPHandler)  # 绑定
    服务器 IP 和串口号，启动监听，采用多线程
print("UDP 服务器已启动，等待接收数据...")
server.serve_forever()
```

在上述代码中，UDP 服务串口号为 50066，UDP 服务端接收到数据后将该数据再返回给客户端。

输入 python UDPEchoServer.py，启动客户端。

（2）终端创建 UDP Socket，收发数据

```
AT+NSOCR=DGRAM,17,1008,1
```

"AT+NSOCR=DGRAM,17" 表示创建 UDP Socket 固定指令，"1008" 表示 NB-IoT 模组本地串口号，最后的 "1" 表示对到来的数据做有效接收处理。

注意：创建 Socket 前需要用 "AT+CGATT?" 确认是否返回 1，即确认模组是否已经成功附着 NB-IoT 基站。

如图 4-19 所示的模组 UDP Socket 创建结果中返回的数字 2 为模组创建的 UDP Socket ID，作为后续的数传标识。

（3）模组发送数据

```
AT+NSOST=2,公网 IP,50066,4,535A5455
```

在上述命令中，2 为 "AT+NSOCR" 返回的 Socket ID 号，串口号为 50066，本次发送字符数为 4，发送字符串的十六进制 ASCII 码组合为 535A5455（SZTU）。

图 4-20 所示为 UDP 数据传输中执行"AT+NSOST"指令后模组的反馈信息，"2,4"表示标识 ID=2 的 Socket 成功发送 4 字节的数据；此外，由于云端的 UDP 服务接收到数据后会立即返回相同的数据，因此可以看到"+NSONMI:2,4"的提示，表示标识 ID=2 的 Socket 成功接收 4 字节的数据进入缓存中。

图 4-19　模组 UDP Socket 创建结果

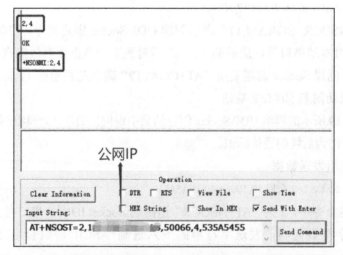

图 4-20　UDP 数据传输中执行"AT+NSOST"指令后模组的反馈信息

　　UDP 数据传输中服务器端显示的服务器接收数据结果如图 4-21 所示。

```
UDP服务器已启动，等待接收数据...
接收到来自('          .68', 29540)的数据: b'SZTU'
```

图 4-21　UDP 数据传输中服务器接收数据结果

　　由于 NB-IoT 模组的 IP 是由运营商临时分配的，在模组重启之后，运营商会重新分配新的地址，故 IP 地址会改变；由于采用了网络地址转换（Network Address Translation，NAT）机制，串口号与前面设置的模组本地串口号也不同。

　　（4）模组接收数据

　　根据"+NSONMI:2,4"的提示，可以知道标识 ID=2 的 Socket 成功接收 4 字节的数据进入缓存中，需要进一步发送 AT 指令从缓存中提取具体的数据信息，命令如下。

```
AT+NSORF=2,4
```

　　在上述命令中，"2"表示"AT+NSOCR"返回的 Socket ID，"4"表示本次请求的字节数。图 4-22 所示为返回的模组接收数据结果。

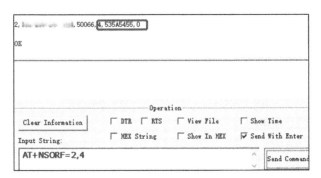

图 4-22　UDP 数据传输中模组接收数据结果

　　在图 4-22 中，"2"为"AT+NSOCR"返回的 Socket ID，"IP 地址,50066"为云服务器 IP 地址和串口号，"535A5455"为刚刚发送的字符串，"0"表示缓存中是否还有数据待提取。

　　2．TCP 数据传输

　　（1）云端运行 TCP 服务

　　TCP 服务采用 Python 语言实现，用户也可以自行选择其他工具，比如 SocketTool 等，代码如下。

```
# !/usr/bin/env python3
# -*-coding: UTF-8 -*-
```

```
import socketserver
class MyTCPHandler(socketserver.BaseRequestHandler):
    def setup(self):
        print("连接建立: ", self.client_address)  # 接收连接并返回连接客户端的地址
    def handle(self):
        try:
            while True:
                self.data = self.request.recv(RECV_BUFFER)  # 接收套接字的数据,
                数据以字符串形式返回
                if not self.data:
                    print("连接丢失")
                    break
                print("接收到来自{}的数据: {}".format(self.client_address, self.data))
                self.request.sendall(self.data)  # 将 data 发送到连接的套接字
        except Exception as e:
            print(self.client_address, "终端异常退出，连接断开")
        finally:
            self.request.close()
    def finish(self):
        print("释放{}的连接线程".format(self.client_address))
if __name__ == "__main__":
    HOST = "0.0.0.0"
    PORT = 50066           # 服务器串口号
    RECV_BUFFER = 1024    # 定义接收缓存为 1024 字节
    server = socketserver.ThreadingTCPServer((HOST, PORT), MyTCPHandler)  # 绑定
    服务器 IP 和串口号，启动监听，采用多线程
    print("TCP 服务器已启动，等待连接...")
    server.serve_forever()
```

说明：TCP 服务串口号为 50066；TCP 服务端接收到数据后将该数据再返回给客户端。

输入 python TCPEchoServer.py，启动客户端。

（2）终端创建 TCP Socket，收发数据

```
AT+NSOCR=STREAM,6,1008,1
```

"AT+NSOCR=STREAM,6" 表示创建 TCP Socket 固定指令,"1008" 表示 NB-IoT 模组本地串口号,最后的 "1" 表示对到来的数据做有效接收处理。

注意:创建 Socket 前需要用 "AT+CGATT?" 确认是否返回 1,即确认模组是否已经成功附着 NB-IoT 基站。

如图 4-23 所示的模组 TCP Socket 创建结果中返回的数字 2 为模组创建的 TCP Socket ID,作为后续的数传标识。

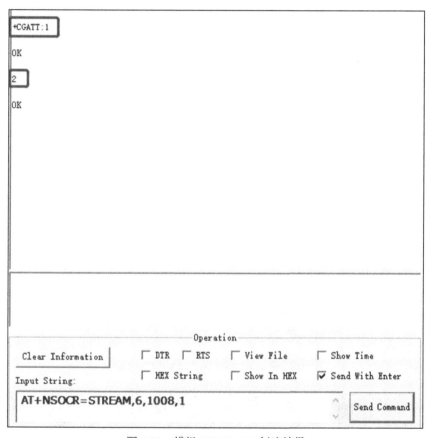

图 4-23　模组 TCP Socket 创建结果

(3) 模组与服务器建立 TCP 连接

采用 TCP 传输数据前,需要模组与服务器建立 TCP 连接,具体指令如下。

AT+NSOCO=2,IP 地址,50066

在上述命令中,"2" 为 "AT+NSOCR" 返回的 Socket ID 号,"50066" 为串口号。

如图 4-24 中返回 "OK",表示模组提示完成,与服务器 TCP 连接建立。

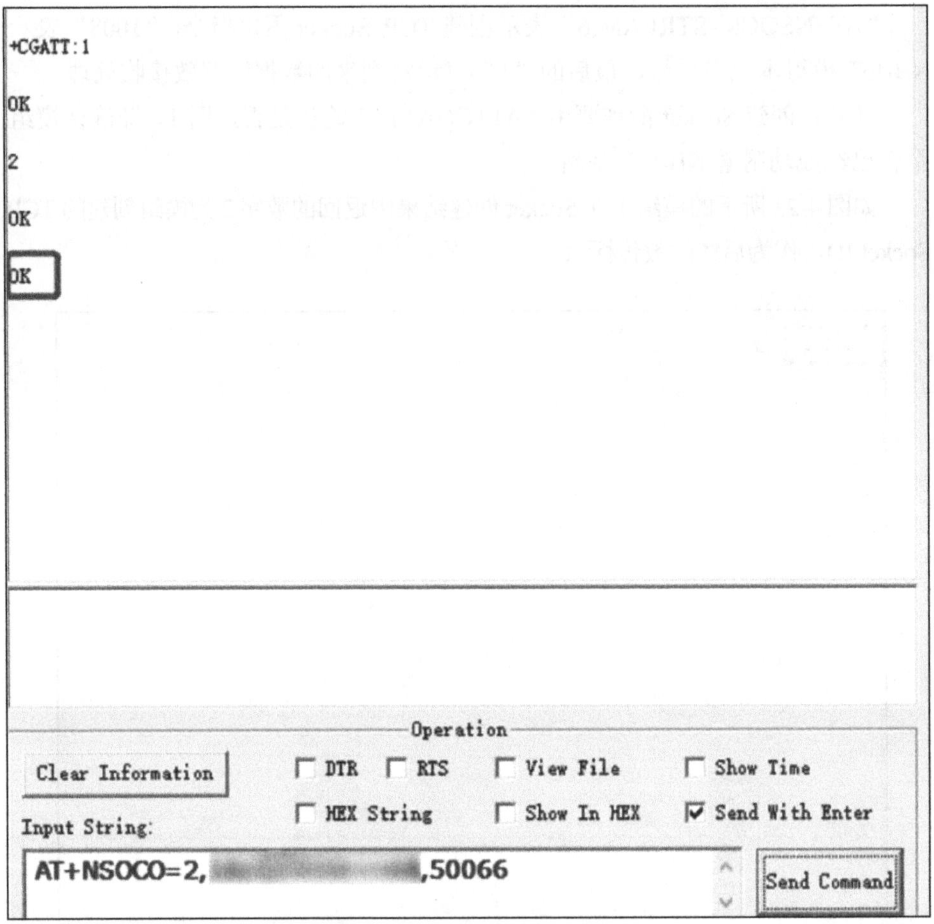

```
+CGATT:1

OK

2

OK

OK
```

Operation

Clear Information

☐ DTR ☐ RTS ☐ View File ☐ Show Time

☐ HEX String ☐ Show In HEX ☑ Send With Enter

Input String:

AT+NSOCO=2,▮▮▮▮▮▮▮,50066

Send Command

图 4-24　模组提示完成，与服务器 TCP 连接建立

如图 4-25 所示，服务器提示完成与模组 TCP 连接建立。

```
TCP服务器已启动，等待连接...
连接建立：('▮▮▮▮▮▮', 65519)
```

图 4-25　服务器提示完成与模组 TCP 连接建立

（4）模组发送数据

AT+NSOSD=2,4,535A5455

在上述命令中，"2"为"AT+NSOCR"返回的 Socket ID 号，TCP 连接已建立不需要输入 IP 和串口号。本次发送字符数为 4，发送字符串的十六进制 ASCII 码组合为 535A5455（SZTU）。

图 4-26 所示为 TCP 数据传输中执行"AT+NSOSD"指令后模组的反馈信

息，"2,4"表示标识 ID=2 的 Socket 成功发送 4 字节的数据；此外，由于云端的 TCP 服务接收到数据后会立即返回相同的数据，因此可以看到"+NSONMI:2,4"的提示，表示标识 ID=2 的 Socket 成功接收 4 字节的数据进入缓存中。

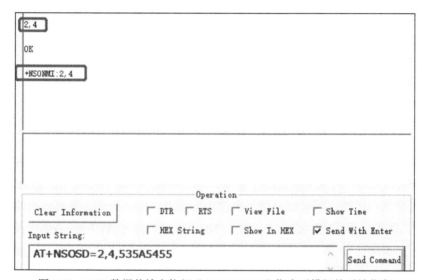

图 4-26　TCP 数据传输中执行"AT+NSOSD"指令后模组的反馈信息

此时，TCP 数据传输中服务器接收数据结果如图 4-27 所示。

图 4-27　TCP 数据传输中服务器接收数据结果

由于 NB-IoT 模组的 IP 是由运营商临时分配的，在模组重启之后，运营商会重新分配新的地址，故 IP 地址会改变；由于采用了 NAT 机制，串口号与前面设置的模组本地串口号也不同。

（5）模组接收数据

本部分与 UDP 接收数据处理方法一致。根据"+NSONMI:2,4"的提示，可以知道标识 ID=2 的 Socket 成功接收 4 字节的数据进入缓存中，需要进一步发送 AT 指令从缓存中提取具体的数据信息，命令如下。

AT+NSORF=2,4

在上述命令中，"2"为"AT+NSOCR"返回的 Socket ID 号，"4"为本次请求的字节数。图 4-28 所示为 TCP 数据传输中模组接收数据结果。

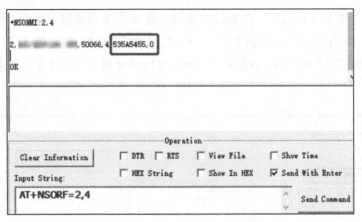

图 4-28　TCP 数据传输中模组接收数据结果

图 4-28 中，"2"为"AT+NSOCR"返回的 Socket ID 号，"50066"为串口号，"535A5455"为刚刚发送的字符串，"0"为缓存中是否还有数据待提取。

通过以上实战可以看出，NB-IoT 模组基于串口通信协议根据单片机或者上位机的 AT 指令执行相应动作。此外，NB-IoT 模组基于 TCP/IP 的协议栈与互联网上的对等协议主机进行数据交换。然而，NB-IoT 属于低功耗广域物联网领域，面向的是海量的物联网节点，识别和管理这些节点对云平台是相当大的挑战。所以，随着物联网和云计算技术的发展，诞生了集中管理物联网节点设备、集成数据收发协议的物联网云平台。

4.2　主流物联网云平台选型与对比

4.2.1　物联网云平台主流传输协议

NB-IoT 是物联网的无线接入技术之一，是物联网终端和基站之间的通信协议。在接入协议栈之上，需要集成其他协议以更好地完成数据的端管云流动。主流的物联网设备与云平台之间的传输协议包括消息队列遥测传输（Message Queuing Telemetry Transport，MQTT）协议、受限应用协议（Constrained Application Protocol，CoAP）、LwM2M 和基础的 TCP 与 UDP 等。

MQTT 协议是一种基于发布/订阅（publish/subscribe）模式的"轻量级"通信协议，该协议基于客户端—服务器的消息发布/订阅传输协议，构建于 TCP/IP 上，由 IBM 在 1999 年发布。MQTT 协议是轻量、简单、开放和易于实现的，这些特点使它的适用范围非常广泛,包括物联网、移动互联网、智能硬件、车联网、电力、能源等领域[2]。

CoAP 是一个基于 REST 模型的网络传输协议,主要用于轻量级 M2M 通信。由于物联网中的很多设备都是资源受限型的,即只有少量的内存空间和有限的计算能力,因此传统的 HTTP 应用在物联网上就显得过于庞大而不适用,CoAP 应运而生。CoAP 建立在 UDP 的协议栈上,这是与 HTTP 或主流 MQTT 协议相比最主要的区别。它可以更加快速和更好地进行资源优化,而非资源密集型。然而,在 CoAP 的 QoS 因素保持不变的情况下,CoAP 相比 HTTP/MQTT 协议可靠性不高。但是 4 字节的头开销对于连续流系统如环境监测传感器网络是一个不错的选择[3]。

LwM2M 全称为 Lightweight Machine to Machine,是由 OMA 组织提出并定义的一个适用于资源有限的终端设备的轻量级 M2M 协议,属于应用层协议。LwM2M 基于 REST 架构,使用 CoAP 作为底层的传输协议,进行数据报传输层安全(Datagram Transport Layer Security,DTLS)协议加密处理并在 UDP 或者 SMS 传输,因而报文结构简单小巧,在网络资源有限及无法确保设备始终在线的环境里同样适用。LwM2M 提供了设备管理和通信功能,适用于各种物联网设备,尤其适用于资源有限的终端设备,可用于快速部署客户端、服务器模式的物联网业务,用来远程管理移动终端设备。LwM2M 主要面向基于蜂窝的窄带物联网场景下的物联网应用,聚焦于低功耗广覆盖的物联网市场,是一种可以在全球范围内广泛应用的新兴技术[4]。

4.2.2　物联网云平台功能需求

作为无线传感网络与互联网之间重要的信息处理中心,物联网平台需具备以下功能。

(1)业务受理、开通、计费功能

物联网云平台需要建立一套面向客户、传感器厂商、第三方行业应用提供商的运营服务体系,包括组织、流程、产品、支撑系统,其中支撑系统应具备业务受理、开通、计费等功能,能够提供物联网产品的快速开通服务。

(2)信息采集、存储、计算、展示功能

物联网云平台需要支持采集通过有线或无线网络传感上传的物品感知信息,同时可以进行格式转换、保存和分析计算,并可以通过某种方式来展示采集到的数据。在物联网环境下,主要涉及基于时间、空间特征以及动态的超大规模数据计算,并且不同行业的计算模型不同。

（3）行业的灵活拓展应用模式

不同行业有不同的业务规则和流程，各自在应用的功能和计算需求中也有差别，例如在智慧农业监控应用中，需要根据大气环境监测设备上采集到的二氧化碳、温度、湿度等数据，按一定的指标计算规则进行分析计算，得出分析结果，展现到监控中心计算机或监控人员手机上；在智慧路灯应用中，对于采集到的光照强度，将会用于判断路灯的关闭与否，并依据判断打开或关闭路灯，达到路灯自动控制的目的。

因此物联网云平台应是开放运行的应用系统，能够给予第三方行业应用的集成能力来满足不同行业应用的差异化功能要求。

4.2.3 物联网云平台架构

物联网云平台分为设备接入、设备管理、规则引擎、北向应用程序接口（Application Programming Interface，API）及安全认证和权限管理 5 个部分。

（1）设备接入

包含多种设备接入协议：LwM2M、MQTT 协议、HTTP 协议、TCP 透传等协议。

并发连接管理：需要维持可能长达数十亿台设备的长连接管理。

（2）设备管理

一般以树形结构管理设备，包含设备创建及设备状态管理等。主要包含以下管理。

① 产品注册及管理。

② 产品下面的设备增删改查管理。

③ 设备消息发布。

④ 空中下载技术（Over-the-Air Technology，OTA）设备升级管理。

（3）规则引擎

规则引擎的主要作用是把云平台数据通过过滤触发响应事件。

（4）北向 API

北向 API 的主要作用是把云平台数据推送到应用侧产品上。

（5）安全认证和权限管理

云平台为每个设备提供一个证书，设备要连接云平台必须要通过证书。证书分为产品级证书和设备级证书，产品级证书拥有最大的权限证书，对本产品下的所有设备都可以进行操作；设备级证书只能操作自己的设备，无法操作其他设备。

4.2.4　物联网云平台分类对比

1．企业云平台接入

（1）中国移动 OneNET

OneNET[5]是中国移动开发的平台即服务（Platform as a Service，PaaS）物联网开放平台，主要有以下特点。

① 全面的协议接入。平台支持适配多种行业及主流标准通信协议类型，例如 MQTT 协议、CoAP、LwM2M、TCP、UDP 等，提供多种协议接入开发软件工具包，可实现多种传感器和设备快速接入。

② 丰富的 API。平台提供丰富的 API 来满足多种行业不同的应用和设备开发需求，以及设备管理，方便客户快速注册、更新、查询、删除。

③ 强大的数据展示能力。OneNET 还拥有 PaaS 能力，例如数据可视化、视图（View）、消息队列（MQ）等，平台可以通过此能力将接收的数据通过折线图、扇形图等方式更加直观地展示给用户，同时还可以通过"时间段选择"来处理或检索某段时间数据，提高了管理人员处理数据的效率并降低了难度。

（2）华为 OceanConnect

OceanConnect[6]是华为公司开发的基于物联网、云计算和大数据等技术打造的物联网开放云平台，主要有以下特点。

① 预集成的应用解决方案和生态链构建。基于管理平台为核心，支持公有云和私有云的部署，面向多种行业、个人家庭领域提供一系列预集成应用，包括智慧农业、智能家居、车联网等；华为立足于构建合作共赢的生态链，越来越多的应用加入华为 OceanConnect 云平台，共建一个智能的全连接世界。

② 强大的接入能力。任意设备、任意网络和多种协议适配，支持多样化的终端设备通过有线或无线等多种网络连接方式接入，也支持目前主流的 MQTT 协议、CoAP、LwM2M、TCP、UDP 等协议接入；云平台还实现了终端设备的快速接入，屏蔽了复杂设备接口，让客户聚焦自己的业务。

③ 丰富的 API。网络 API、安全 API、数据 API 三大类 API，为多种行业和开发者提供了强大的连接安全，数据的快速获取和管理，以及应用的快速部署，保证了通信过程中数据的安全、可靠。

2．开源云平台接入

（1）JetLinks

JetLinks 是新兴的国内开源物联网云平台，能降低企业研发、运营和运维成本，主要有以下特点。

① 统一设备管理。JetLinks 统一设备模型、设备数据管理和设备操作 API，同时屏蔽了不同厂商、不同协议、不同设备的差异，方便设备快速接入。

② 多协议适配。JetLinks 支持各种常见的协议，例如 MQTT 协议、HTTP、TCP、UDP、CoAP 等，并对其封装，实现统一的管理，降低网络编程难度。

③ 可视化数据。JetLinks 配有各种可视化配置仪盘，例如图表、折线图、地图等，同时可通过规则引擎在线动态配置数据和业务处理逻辑。

（2）Thingsboard

Thingsboard 是一个国外的开源物联网云平台，主要有以下特点。

① 使用行业标准物联网协议。Thingsboard 目前只支持 MQTT 协议、CoAP 和 HTTP 实现设备连接，支持云和本地部署。

② 设备和资产管理。Thingsboard 通过丰富的 API 来安全地配置、监控和控制终端设备。

③ 可视化数据。Thingsboard 通过可扩展和容错的方式收集和存储遥测数据，可使用内置或自定义小部件和灵活的仪表板来可视化数据，并支持自定义数据处理规则链，转换规范设备数据。

4.3 本章小结

本章的实战学习让读者了解 AT 指令并掌握开发板通过 AT 指令连接到网络的过程，从而了解 Socket 通信协议和方法。通过物联网云平台在传输协议、功能需求和基本架构的分类对比，让读者全面了解主流物联网云平台，为后续云平台的对接打下基础。

4.4 参考文献

[1] 刘源, 周家绪, 杨燕鎏, 等. NB-IoT 模组的低功耗控制软件的设计和实现[J]. 中国新通信, 2018, 20(14): 51-53.

[2] 卢佳佳. 基于 LwM2M 协议栈云智能水表系统设计[J]. 贵阳学院学报(自然科学版), 2020, 15(2): 72-74, 84.

[3] 徐凯. IoT 开发实战：CoAP 卷[M]. 北京: 机械工业出版社, 2017.

[4]　葛海波, 李彩虹, 安文喆, 等. 一种基于 LwM2M 协议的智慧农业信息系统设计[J]. 西安邮电大学学报, 2019, 24(5): 88-94.

[5]　徐毅, 秦宁宁. 基于 OneNET 云平台的物联网综合实验教学创新研究[J]. 高教学刊, 2021(10): 50-53.

[6]　黄海峰. 华为 OceanConnect IoT 平台获 "最佳平台奖" [J]. 通信世界, 2019(3): 45.

第 5 章

5G NB-IoT 云平台的
数据存储设计

5.1 物联网数据

5.1.1 基本特征

物联网能够使各种数据连接起来，在该场景中产生的数据通常都具备时间序列特性。因此，物联网是时序数据最典型的应用领域之一。

时序数据是基于时间的一系列数据，带有时间节点标签，可以根据时间戳准确定位到物联网终端在某一时间节点的状态，更有利于提取出有价值的数据，转变成更密集的信息。在有时间轴的坐标系中将这些数据点连成线，可以做成报表等，适用于大数据分析、深度学习等领域。通过时间序列分析，可以找出样本内时间序列的统计特性和发展规律，构建时间序列模型。

5.1.2 物联数据 JSON 存储

1. JSON 的基本概念

JSON（JavaScript Object Notation）是一种轻量级的数据交换格式，易于人

工阅读和编写, 同时也易于机器解析和生成。JSON 是基于 JavaScript（Standard ECMA-262 3rd Edition - December 1999）的一个子集, 其采用完全独立于语言的文本格式, 但是也使用了类似于 C 语言家族的习惯（包括 C、C++、C#、Java、JavaScript、Perl、Python 等）[1]。这些特性使 JSON 成为理想的数据交换语言, 广泛应用于以下场景。

① 用于编写基于 JavaScript 的应用程序, 包括浏览器扩展和网站。

② 用于通过网络连接序列化数据和传输结构化数据。

③ 用于在服务器和 Web 应用程序之间传输数据。

④ Web 服务和 API 服务可以使用 JSON 格式提供公用数据。

因此, 采用 JSON 格式进行数据交换可以更好地匹配物联网的海量数据交换需求。

2. JSON 的结构

（1）对象结构

对象结构是使用大括号 "{}" 括起来的, 大括号内是由 0 个或多个用英文逗号分隔的 "键:值"（key:value）对构成的。其语法如下。

```
var jsonObj =
{
    "键 1":值 1,
    "键 2":值 2,
    ...
    "键 n":值 n
}
```

jsonObj 指的是 JSON 对象。对象结构以 "{" 开始, 到 "}" 结束。其中 "键" 和 "值" 之间用英文冒号构成对, 两个 "键:值" 之间用英文逗号分隔。

注意, 这里的键是字符串, 但是值可以是数值、字符串、对象、数组或布尔值（True 和 False）。

（2）JSON 数组结构

JSON 数组结构是用中括号 "[]" 括起来的, 中括号内部由 0 个或多个以英文逗号 "," 分隔的值列表组成。其语法如下。

```
var arr =
[
  {
    "键 1":值 1,
```

```
        "键 2":值 2
    },
    {
        "键 3":值 3,
        "键 4":值 4
    },
    ...
]
```

arr 指的是 JSON 数组。数组结构以"["开始，到"]"结束，这一点与 JSON 对象不同。在 JSON 数组中，每一对"{}"相当于一个 JSON 对象。

同理，这里的键是字符串，但是值可以是数值、字符串、对象、数组或布尔值（True 和 False）。

下面为一个从天气传感器中获取的 JSON 数据实例。

```
"results":
[
    {
        "location":
        {
            "id": "WSSU6EXX52RE",
            "name": "sztu",
            "country": "CN",
            "path": "Pingshan, Shenzhen, Guangdong, China",
            "timezone": "Asia/Shanghai",
            "timezone_offset": "+08:00"
        },
        "now":
        {
            "text": "Sunny",
            "code": "0",
            "temperatrue": 23,
            "last _ update": "2021-03-14"
        }
    ]
```

3．物联设备数据格式

物联网设备通过数据格式展示设备运行状态，云平台接收数据并进行相关处理，可通过主动下发命令获取设备传感器对象属性。

（1）设备对象属性

用于定义设备对象属性，如设备 ID、事件类型等，数据结构如下。

```
{
    "DeviceID":DeviceID,    //设备 ID 长度为 4 位的十六进制编码的字符串
    "Num":设备传感器对象数量,            //设备传感器对象数量，2 字节
    "Events":事件类型,
            1 上报
            2 下发写
            3 下发读
    "Properties":[..传感器对象属性]
}
```

（2）设备传感器对象属性

用于定义传感器对象属性，如对象 ID、温度值等，数据结构如下。

```
{
    "TypeID":typeid,        //对象 ID，2 字节，可包含 0~65535 种设备属性
    "Name":对象名称
    "ValueType":
            "Type":数据 <value> 的类型,
                    1 String（字符串型）
                    2 Opaque（不透明型）
                    3 Integer（整数型）
                    4 Float（浮点型）
                    5 Boolean（布尔型）
            "Value1":数据内容,
            "Value2":数据内容

    "Expands":{"gis":"lng"} //其他自定义拓展定义
}
```

5.2　物联网数据库选型指导

表 5-1 给出了物联网主流数据库及其主要参数对比。

表 5-1　物联网主流数据库及其主要参数对比

数据库名称	数据库类型	存储结构	数据处理	应用领域
InfluxDB	时序型数据库	列式	对大量时序型数据快速写入	物联网终端针对时间节点的数据存储和分析
MongoDB	非关系型数据库	自由格式文档	将热数据存在物理内存中，从而达到对海量数据的高速读写	网络实时数据分析、数据缓存
MySQL	关系型数据库	强类型字段的表格	数据保存在不同的表中，而不是将所有数据放在一个大仓库内，从而提高了速度和灵活性	Web 应用、嵌入式的后端服务器数据库储存

5.3　基于 MongoDB 的数据存储实战

图 5-1 所示为基于 MongoDB 的数据存储实战在物联网分层中的"云"端部分所涉及的模块。

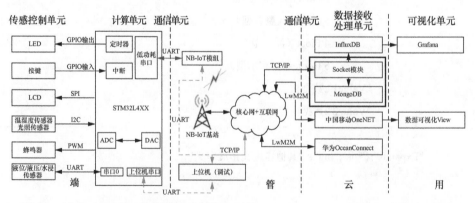

图 5-1　基于 MongoDB 的数据存储实战在物联网分层中的"云"端部分所涉及的模块

5.3.1　MongoDB 简介

MongoDB 是一个基于分布式文件存储的数据库，由 C++语言编写。它介于关系数据库和非关系数据库之间，是非关系数据库当中功能最丰富、最像关系数据库的，旨在为 Web 应用提供可扩展的高性能数据存储解决方案。其可以部署在单机或者集群环境下，具体分为单机模式、副本集模式、分片集模式；还可在高负载的情况下添加更多的节点，保证服务器性能[2]。有别于传统的 MySQL 数据库，MongoDB 将数据存储为一个文档，数据结构由键值（key-value）对组成。MongoDB 文档类似于 JSON 对象，字段值可以包含其他文档、数组及文档数组。

MongoDB 的基本概念解析如下。

数据库：MongoDB 下可以创建多个数据库，每个数据库都有自己的集合和权限。其中 admin、local、config 为特殊数据库，由 MongoDB 自动创建，用于存储和管理数据库运行的相关信息。

集合：集合就是 MongoDB 文档组，类似于关系数据库管理系统（Relational Database Management System，RDBMS）中的表格。一个集合包含多个文档。

文档：文档是一组键值（key-value）对（即 BSON），类似于 MySQL 数据库表格中的一条记录信息。MongoDB 的文档不需要设置相同的字段，并且相同的字段不需要相同的数据类型，这与关系型数据库有很大的区别，也是 MongoDB 非常突出的特点。

存储结构：MongoDB 下存在多个数据库，每个数据库包含多个集合，集合内可以存储多个自由格式文档。

5.3.2　MongoDB 在 Ubuntu 下的副本集部署

本书以典型的部署方式——副本集部署为例进行实战演练。副本集部署涉及 3 类节点，包括主节点（读写）、从节点（读）和仲裁节点（只支持选举），主要特点如下。

① 每个副本集最多可以包含 50 个节点，其中最多有 7 个节点可以进行选举。

② 一个主节点，多个从节点（一般至少为 2 个），配备若干仲裁节点。

③ 所有写入操作均在主节点上，从节点通过复制操作日志（oplog）对数据进行同步更新。

④ 主节点发生故障时，剩余的从节点与仲裁节点进行选举，选出新的主节点。

⑤ 主节点恢复后可以重新开启服务，状态变更为从节点。

副本集部署主要用于实现对数据的冗余备份，本节实战环境为单台
Ubuntu18.04 系统虚拟机。

1. 创建配置文件

```
$cd /usr/local #切换文件目录

$sudo mkdir mongodb_primary #创建主节点目录

$sudo mkdir mongodb_secondary #创建从节点目录

$sudo mkdir mongodb_arb #创建仲裁节点目录

$sudo chown sztu:sztu mongodb_primary #修改 MongoDB 目录权限

$sudo chown sztu:sztu mongodb_secondary

$sudo chown sztu:sztu mongodb_arb

$cd   /usr/local/mongodb_primary

$mkdir 28018 #创建串口号为 28018 的 MongoDB 目录

$cd 28018

$mkdir data #data 目录存储数据

$mkdir log   #log 目录存储日志

$mkdir conf #conf 目录存储配置文件

$cd conf

$touch mongodb.conf #创建配置文件

$vim mongodb.conf
```

为每个节点配置副本集名称，且所有副本集名称保持一致，只有相同副本
集名称的节点可以加入同一个副本集。若在一台虚拟机上配置 3 个节点，则需
要指定 3 个不同端口；若为 3 台不同机器，则可指定同一端口，具体主节点配
置如图 5-2 所示。

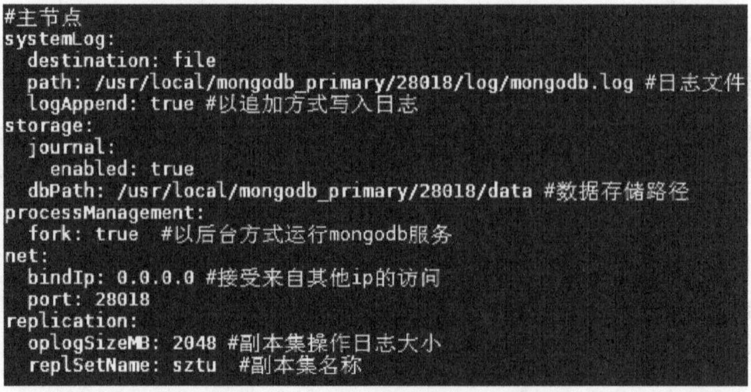

```
#主节点
systemLog:
  destination: file
  path: /usr/local/mongodb_primary/28018/log/mongodb.log #日志文件
  logAppend: true #以追加方式写入日志
storage:
  journal:
    enabled: true
  dbPath: /usr/local/mongodb_primary/28018/data #数据存储路径
processManagement:
  fork: true   #以后台方式运行mongodb服务
net:
  bindIp: 0.0.0.0 #接受来自其他ip的访问
  port: 28018
replication:
  oplogSizeMB: 2048 #副本集操作日志大小
  replSetName: sztu   #副本集名称
```

图 5-2   MongoDB 主节点配置

```
$cd   /usr/local/mongodb_secondary #切换至从节点
$mkdir 28019
$cd 28019 #创建相同目录结构及配置文件 mongodb.conf，具体内容见下文
```

从节点配置如图 5-3 所示。

图 5-3　MongoDB 从节点配置

```
$cd   /usr/local/mongodb_arb #切换至仲裁节点
$mkdir 28020
$cd 28020 #创建相同目录结构及配置文件 mongodb.conf，具体内容见下文
```

仲裁节点配置如图 5-4 所示。

图 5-4　MongoDB 仲裁节点配置

2．开启 3 个节点 MongoDB 服务

```
$mongod --config /usr/local/mongodb_primary/28018/conf/mongodb.conf
$mongod --config /usr/local/mongodb_secondary/28019/conf/mongodb.conf
$mongod --config /usr/local/mongodb_arb/28020/conf/mongodb.conf
```

3．副本集初始化

```
> rs.initiate({_id:"sztu",members:[{_id:0,host:" 本 机   IP:28018"},{_id:1,host:" 本 机   IP:
```

28019"}]}) #创建副本集，并添加主节点和从节点

```
> rs.addArb("本机 IP :28020") #添加仲裁节点
>use admin #切换至 admin
>db.createUser({user:"root",pwd:"admin",roles:[{role:"root",db:"admin"}]})
#创建超级账号
>exit
```

4．开启认证

```
$mongod--shutdown --config /usr/local/mongodb_arb/28020/conf/mongodb.
conf
$mongod--shutdown --config /usr/local/mongodb_secondary/28019/conf/mongodb.
conf
$mongod--shutdown--config/usr/local/mongodb_primary/28018/conf/mongodb.
conf #此处节点关闭顺序为仲裁节点、从节点、主节点
$cd /usr/local/mongodb_primary/28018
$openssl rand -base64 756 > keyfile #生成密钥证书
$cp keyfile /usr/local/mongodb_secondary/28019 #复制到从节点
$cp keyfile /usr/local/mongodb_arb/28020 #复制到仲裁节点
```

创建密钥文件（随机数序列）输出到指定文件中，756 是文件大小。

```
$chmod 400 keyfile #修改密钥权限为 400，即只读文件
```

修改 3 个节点配置文件，添加认证，具体如下。

```
security:
        keyFile: /usr/local/mongodb_primary/节点串口号/keyfile
        authorization: enabled
```

开启 3 个节点的 MongoDB 服务，顺序为主节点、从节点、仲裁节点。

```
$mongo 本机 IP :28018
>rs.status() #此时提示需要认证
>use admin
>db.auth("root","admin") #完成认证后可进行其他操作
```

5．设置从节点可读

```
>use sztu #在 sztu 数据库下插入数据
> db.createCollection('sztu')
> db.sztu.insert({'name':'Tom','age':'28'})
>exit
```

```
$mongo 本机 IP :28019 #切换至从节点
>use admin
>db.auth("root","admin")
```

5.3.3　基于 Python 的 MongoDB 数据读写操作

本实验环境为 Ubuntu18.04 虚拟机，与上一节部署的 MongoDB 副本集进行交互。使用 Jupyter Notebook 进行交互式编程，推荐使用 Anaconda 来安装 Jupyter Notebook，有利于后续虚拟环境管理。

```
$ifconfig #查看主机 IP 地址，如图 5-5 所示
```

图 5-5　查看主机 IP 地址

```
$conda install pymongo #在安装 Jupyter Notebook 的虚拟环境下安装 pymongo 包
$jupyter notebook #运行 Jupyter Notebook
#以下代码均在 Jupyter Notebook 下执行
import pymongo #导入 pymongo
host = "本机 IP" #设置主节点服务器 IP 地址
port = 28018 #端口
user = "root" #认证的 root 账号
pwd = "admin" #密码
myclient = pymongo.MongoClient(host = host,port = port)    #连接主节点服务器
db = myclient["admin"] #获取 admin 数据库对象
db.authenticate(user, pwd) #认证 root 账号
```

输出 True 表示数据库认证成功，如图 5-6 所示。

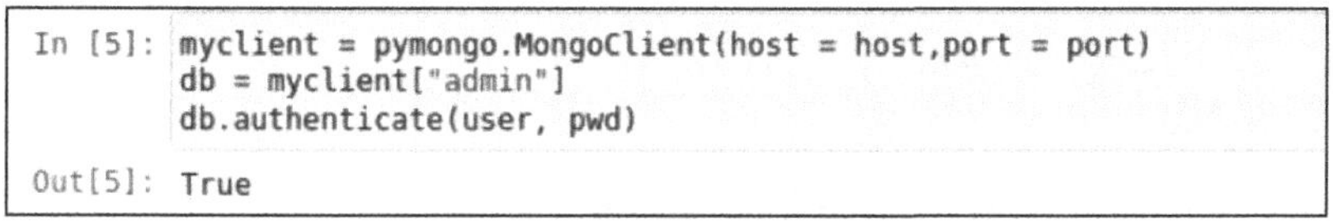

图 5-6　数据库认证成功

```
db = myclient["sztu"] #切换至 sztu 数据库，若没有则创建
mycol = db["sztu"] #获取 sztu 数据库下 sztu 集合对象
res = mycol.find_one() #查询最早插入的一条数据
```

print(res) #输出查询结果，如图 5-7 所示

```
{'_id': ObjectId('605df44ef2b77abed5abbeb0'), 'name': 'Tom', 'age': '28'}
```

图 5-7 查询结果

mydoc = {"name":"sztu"} #设置要插入的文档内容，必须为 Python 字典格式，即键值对格式
mycol.insert_one(mydoc) #插入一条数据，图 5-8 所示的数据插入结果表示插入一条数据成功

```
Out[10]: <pymongo.results.InsertOneResult at 0x7f3f582c29b0>
```

图 5-8 数据插入结果

5.4 基于 InfluxDB 的数据存储实战

图 5-9 所示为基于 InfluxDB 的数据存储实战在物联网分层中的"云"端部分所涉及的模块。

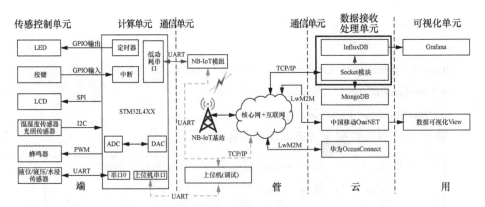

图 5-9 基于 InfluxDB 的数据存储实战在物联网分层中的"云"端部分所涉及的模块

InfluxDB 是一个由 InfluxData 开发的开源时序型数据库。它由 Go 语言编写，着力于高性能地查询与存储时序型数据。InfluxDB 被广泛应用于存储系统的监控数据、IoT 行业的实时数据等场景[3]。与传统数据库不同，InfluxDB 中的 measurement 表示数据库中的表，表中的一条数据记录为 point，point 的属性

包括：索引列（tags）和普通列（field）等。

（1）measurement

向 measurement（表）中插入数据时并不需要预先创建 measurement，InfluxDB 会自动创建。

（2）tag

"<tag-key>=<tag-value>..."中的 tag 为一个或者多个键值对。tag 的键可以理解为列名，tag 的值可以理解为这个列对应的值，这个 tag 标签的键和值在查询时可以通过 SQL 的 where 条件进行过滤，并且可以进行索引。

（3）field

"<field-key>=<field-value>..."中的 field 也是一个或者多个键值对。同样，field 的键可以理解为列名，field 的值可以理解为这个列对应的值。与 tag 不同的是，field 字段 where 条件查询时不进行索引，数据量较大的时候在 where 子句中将 field 字段作为过滤条件，会引起性能瓶颈。

"unix-nano-timestamp"时间戳是可选的，如果向 measurement 中插入数据时不指定 timestamp，InfluxDB 会将本地系统时间作为 timestamp 插入数据库中。

根据以上描述，可以这样定义：根据筛选条件查询出来的数据可以作为 field 字段，而所有的筛选条件作为 tag 字段，因为 tag 可以作为 where 的条件过滤来筛选出要查询的值（field 字段)。

5.4.1　InfluxDB 环境搭建

（1）下载 InfluxDB 安装包，如图 5-10 所示。

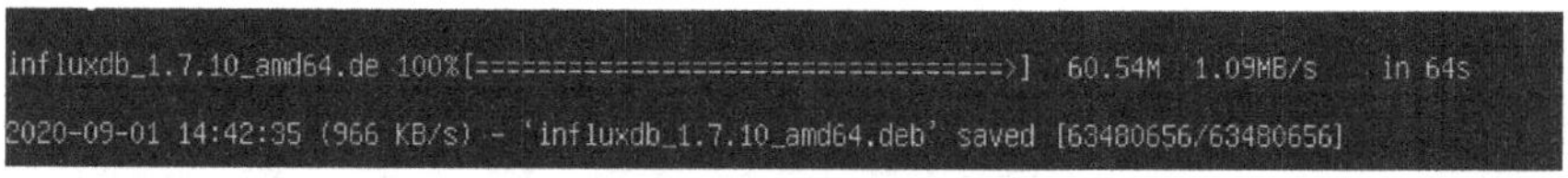

图 5-10　InfluxDB 安装包下载

（2）执行"sudo dpkg-i，安装包名.deb"，安装并启动 InfluxDB，如图 5-11 所示。

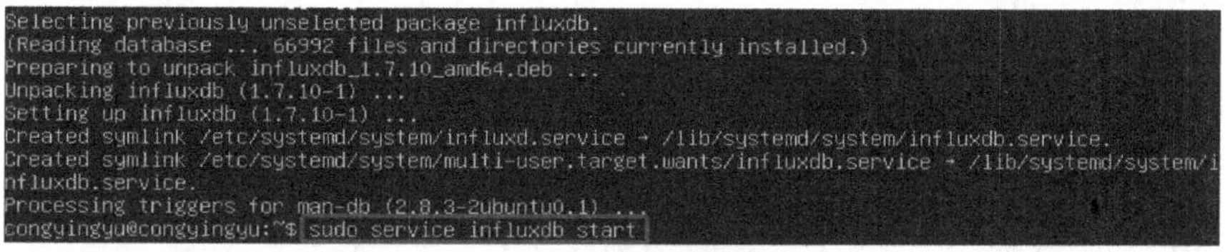

图 5-11　InfluxDB 安装和启动

（3）创建 InfluxDB 用户，如图 5-12 所示。

图 5-12　创建 InfluxDB 用户

5.4.2　基于 Python 的 InfluxDB 数据读写操作

（1）安装 python-pip，如图 5-13 所示。

图 5-13　安装 python-pip

（2）安装 Python InfluxDB 包，如图 5-14 所示。

图 5-14　安装 Python InfluxDB 包

（3）配置 Python 程序，更改串口号、主机名、用户名、密码、数据库名等并传输到云端，如图 5-15 所示。

图 5-15　配置 Python 程序

（4）启动 InfluxDB，运行导入的 Python 程序，如图 5-16 所示。

```
congyingyu@congyingyu:~$ sudo python3 influxdb_4plus.py
Write database
Write database
Write database
```

图 5-16　运行 Python 程序

（5）查询数据库，如图 5-17 所示。

```
congyingyu@congyingyu:~$ influx
Connected to http://localhost:8086 version 1.7.10
InfluxDB shell version: 1.7.10
> show databases
name: databases
name
----
_internal
example
>
```

图 5-17　查询数据库

① 使用数据库 use example。

② 查询数据库所有表，如图 5-18 所示。

```
> show measurements
name: measurements
name
----
测试表1
测试表2
>
```

图 5-18　查询数据库所有表

③ 分别查询"测试表 1"和"测试表 2"数据，如图 5-19 和图 5-20 所示。

```
测试表2
> select * from "测试表1"
name: 测试表1
time                tag1        tag2        value1             value2
----                ----        ----        ------             ------
1598984405392492906 tag1_value  tag2_value  4.840994794211442  12.288050782069071
1598984410459362368 tag1_value  tag2_value  12.349458288636885 24.722772576968506
1598984415476795631 tag1_value  tag2_value  4.7063542233571525 17.88223097261432
```

图 5-19　查询测试表 1 数据

```
1598984666252995349 tag1_value tag2_value 15.595839034136137 13.969156115248943
> select * from "测试表2"
name: 测试表2
time                tag3        tag4        value1             value2
----                ----        ----        ------             ------
1598984405392492906 tag3_value  tag4_value  14.11437323835194  9.444572341107262
1598984410459362368 tag3_value  tag4_value  16.81633193196588  9.522443066961705
1598984415476795631 tag3_value  tag4_value  16.02929871555746  10.7864397304957
```

图 5-20　查询测试表 2 数据

5.5 本章小结

　　本章的实战学习介绍了物联网数据具有时序特征和存储数据的 JSON 格式。通过对 MongoDB 和 InfluxDB 的实战部署，全面展示了物联网主流数据库的使用方法和特征，为后面云平台的数据可视化设计和物联网行业应用实战打下基础。

5.6 参考文献

[1] 刘立成, 徐一凡, 谢贵才, 等. 面向 NoSQL 数据库的 JSON 文档异常检测与语义消歧模型[J]. 计算机科学, 2021, 48(2): 93-99.

[2] 杨宏章. MongoDB 分片集群方案设计和部署[J]. 中国传媒科技, 2021(3): 111-113.

[3] 徐化岩, 初彦龙. 基于 InfluxDB 的工业时序数据库引擎设计[J]. 计算机应用与软件, 2019, 36(9): 33-36, 40.

第6章

5G NB-IoT 云平台的数据可视化设计

6.1 数据可视化的基本方法

数据可视化，是指通过图表、图像或者动画等方法将采集到的数据直观地展示出来，表现数据之间的关联性。数据可视化的步骤可以分为：数据的采集、数据的处理、数据的展示和数据的分析[1]。

数据的采集，是指通过传感器、摄像头或者移动设备等对需要的数据进行收集和保存，作为处理的数据。

数据的处理，是指对收集的数据进行降噪以及提取等处理，通常采集的数据会因为外界因素的干扰产生无效的数据或者采集到的数据实用性较低。为了提供有效的数据，在进行数据的展示之前，都需要将数据进行降噪以及提取关键数据等处理。

数据的展示，是指通过数字、图表或者动画等方法将处理的数据进行视觉的展示，展示的方式需要根据具体适用场景选择适合的色彩、层级关系以及表现方式，使受众能更好地接收数据。

数据的分析，是指对展示的数据进行筛选等交互方式，通过对同一层级的数据进行特征提取、增加筛选项等，帮助用户更好、更快地获取需要的信息。

6.2 数据可视化工具选型指导

随着浏览器引擎以及计算机技术的不断发展，出现了许多适用于可视化的图表库以及三维渲染等表现方式。数据可视化的工具有很多种，有基于 JavaScript 的开源图表库，有可以直接对接数据源的图表程序，还有基于三维引擎的可视化工具，数据可视化工具对比如表 6-1 所示。

表 6-1 数据可视化工具对比

类型	工具举例	基本内容	特点	缺点
基于 JavaScript 的可视化图库	Echarts	JavaScript 提供了常规用于统计的盒形图、地图可视化、多维数据等丰富的图表库	丰富的可视化图库，多种数据的前端展示，有一定的三维可视化图表	一般不直接对接数据源，数据通过后端进行传递，需借助前端页面进行可视化
直接对接数据源的图表程序	Grafana	直接对接的数据源，将数据源组合到仪表盘上即可完成数据可视化，根据数据源建立报警规则，实现报警功能	能直接与许多数据源后端对接，对接数据源直接生成面板，使用较方便；可附加告警规则，并且传达到移动端	图表样式的选项较少，无法根据使用场景制定适合的面板，更适用于大型测试数据，不适用于特定场景的定制
基于三维引擎的可视化工具	Three.js	基于原生 WebGL 封装运行的三维引擎，在浏览器渲染 3D 产品或者场景，更突出的视觉展现方式	更直观的展示数据或者产品的场景，强化物体与物体之间的关联性，交互方式更加直观，相较于二维的可视化工具，更适用于物联网的使用场景	基于 WebGL，面对较复杂的场景需要接入 Unity3D 等渲染引擎才能实现制作；三维的实现复杂度较高，时间周期较长

数据可视化通过视觉传达信息，将需要的信息以最直观的方式进行传递，选择合理的展现形式将信息传达最大化。基于图表传递数据能更好地观察数据的变化趋势和数据之间的规律，而基于三维引擎能更好地强调人与物、物与物之间的联系，也有更直观的视觉传达，在物联网的应用场景会更加突出。

6.3　基于 Grafana 的物联网数据可视化实战

Grafana 是一款采用 Go 语言编写的开源应用，主要用于大规模指标数据的可视化展现，是网络架构和应用分析中最流行的时序数据展示工具，目前已经支持大部分常用的时序数据库[2]。

图 6-1 所示为 Grafana 在物联网分层中的"用"端部分所涉及的模块。

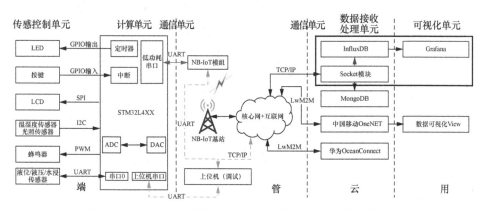

图 6-1　Grafana 在物联网分层中的"用"端部分所涉及的模块

6.3.1　Grafana 部署配置

（1）安装 Grafana 代码如下。

```
sudo apt-get install -y adduser libfontconfig1
wget "请读者至 Grafana 官网查看地址"
sudo dpkg -i grafana.deb
```

（2）启动 Grafana 服务，如图 6-2 所示。

```
service grafana-server start
```

```
congyingyu@congyingyu:~$ service grafana-server start
=== AUTHENTICATING FOR org.freedesktop.systemd1.manage-units ===
Authentication is required to start 'grafana-server.service'.
Authenticating as: congyingyu
Password:
=== AUTHENTICATION COMPLETE ===
congyingyu@congyingyu:~$
```

图 6-2　启动 Grafana 服务

（3）查看 Grafana 运行状态，按 Ctrl+C 组合键退出，如图 6-3 所示。

图 6-3   查看 Grafana 运行状态

（4）Grafana 默认端口为 3000，请读者在浏览器中访问部署 Grafana 的主机 IP 地址和串口号，查看已经部署的 Grafana。默认账号和密码均为 admin。登录后可以更改密码，Grafana 启动界面如图 6-4 所示。

图 6-4   Grafana 启动界面

6.3.2   Grafana 与 InfluxDB 对接

（1）在网页左侧，点击"设置"图标，然后点击"Data Sources"，Grafana 数据源配置界面如图 6-5 所示。

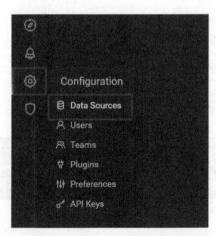

图 6-5   Grafana 数据源配置界面

（2）选择 InfluxDB，Grafana 数据库选择界面如图 6-6 所示。

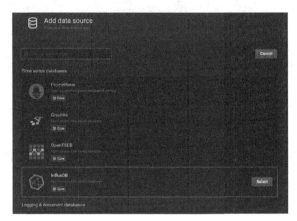

图 6-6　Grafana 数据库选择界面

（3）填写 InfluxDB 部署地址，勾选 Basic auth，在 Basic Auth Details 中输入 Ubuntu 的用户账号和密码，InfluxDB 数据源配置界面如图 6-7 所示。

图 6-7　InfluxDB 数据源配置界面

（4）在 InfluxDB Details 中输入数据库的名字，在 InfluxDB 中的用户账户，同时设置最低时延，配置 InfluxDB 特定数据库访问如图 6-8 所示。

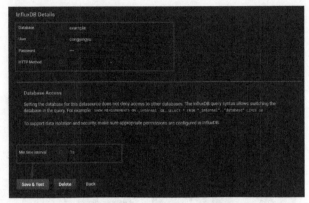

图 6-8　配置 InfluxDB 特定数据库访问

6.3.3　物联网数据可视化

（1）编写 Python 程序

```
#!/usr/bin/env python
# -*- coding: utf-8 -*-
from influxdb import InfluxDBClient
import random
import time
def read_info():
    data_list = [
        {
            'measurement': '测试表 1',
            'tags': {
                'tag1': 'tag1_value',
                'tag2': 'tag2_value'
            },
            'fields': {
                'value1': random.uniform(1, 26),
                'value2': random.uniform(1, 26)
            }
        },
        {
            'measurement': '测试表 2',
```

```
                    'tags': {
                            'tag3': 'tag3_value',
                            'tag4': 'tag4_value'
                            },
                    'fields': {
                            'value1': random.uniform(1, 26),
                            'value2': random.uniform(1, 26)
                            }
            },
        ]
    return data_list
if __name__ == '__main__':
    host = 'your host ip' #更改为主机 ip
    port = 8086
    username = 'your username'   #更改为 influxdb 用户名
    password = 'your password' #更改为 influxdb 密码
    database = 'example'
client = InfluxDBClient(host, port, username, password, database)
client.create_database (database)
    while True:
        client.write_points(read_info())
        time.sleep (5)
```

（2）运行上述 Python 文件，向数据库里写入随机数据。

（3）在左侧点击"添加"图标，然后点击"Dashboard"，新建一个仪表盘，如图 6-9 所示。

图 6-9　新建仪表盘

（4）点击 Add new panel 新建仪表盘，新建面板如图 6-10 所示。

图 6-10　新建面板

（5）选择曲线仪表盘，展示数据库中的数据，如图 6-11 所示。

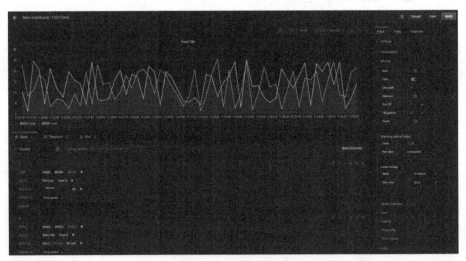

图 6-11　曲线仪表盘

6.4　本章小结

　　本章的实战学习有助于读者了解数据可视化的基本方法和当前的主流可视化工具。通过介绍 Grafana 与 InfluxDB 数据库的实战对接方法，可全面了解物联网云平台可视化设计方法，为后续物联网行业应用数据可视化打下基础。

6.5　参考文献

[1]　周嫣然. 基于大数据时代的数据可视化应用分析[J]. 网络安全技术与应用, 2014(11): 47-48.

[2]　黄静, 陈秋燕. 基于 Prometheus + Grafana 实现企业园区信息化 PaaS 平台监控[J]. 数字通信世界, 2020(9): 70-72.

第7章

5G NB-IoT 典型行业应用实战

7.1 智慧农业实战

7.1.1 应用背景

农业物联网的一般应用是将大量的传感器节点构成监控网络，通过各种传感器采集信息，以帮助农民及时发现问题，并且准确地确定发生问题的位置，这样农业将逐渐地从以人力为中心、依赖于孤立机械的生产模式转向以信息和软件为中心的生产模式，从而使用各种自动化、智能化、远程控制的生产设备[1]。

7.1.2 系统框架

图 7-1 所示为智慧农业实战示意，其中框线处描述了智慧农业实战在物联网分层中所涉及的模块。

在本次农业物联网实战中，感知终端选用温湿度传感器和电机控制单元来模拟智慧农业中的温湿度环境监测，事件触发电机转动，模拟智慧灌溉场景。

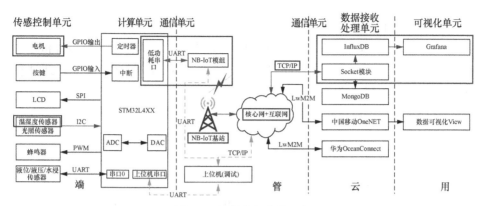

图 7-1　智慧农业实战示意

7.1.3　感知终端设计

1. 使用 STM32CubeMX 配置功能引脚

打开 STM32CubeMXX 配置引脚如下。

① PB9->GPIO_OUTPUT(INT)

② PB8->GPIO_OUTPUT(MOTER_SW)

③ PB7->I2C_SDA

④ PB6->I2C_SCL

⑤ PA0->LED_SW

⑥ PA10->USART1_RX

⑦ PA9->USART1_TX

2. 配置 I2C 总线

配置 I2C1 模式为 I2C。

3. 配置 GPIO 口

将 GPIO 的 User Label 按图 7-2 所示的 GPIO 配置进行修改。

图 7-2　GPIO 配置

4. 生成基础代码，编写温湿度采集函数

参考 3.1、3.2 和 3.6 节，利用 GPIO 和 I2C 接口，分别将按键、电机和温湿度采集功能集成到嵌入式工程中。当温度高于或者湿度低于阈值时，可以通过按键启动电机。参考代码如下。

```c
/* USER CODE BEGIN WHILE */
while (1)
{
  /* USER CODE END WHILE */
  /* USER CODE BEGIN 3 */
  HAL_GPIO_WritePin(IA1_Motor_GPIO_Port, IA1_Motor_Pin, GPIO_PIN_RESET);
  Read_Data();
  printf("Humidity is %d%%.\n", (int)Humidity);
  printf("Temperatrue is %d%s.\n\n", (int)Temperatrue,deg);
  if (Humidity < 25.0 || Temperatrue > 30.0 )
      HAL_GPIO_WritePin(IA1_Motor_GPIO_Port, IA1_Motor_Pin, GPIO_PIN_SET);
  HAL_Delay(2000);
}
/* USER CODE END 3 */
/* USER CODE BEGIN 4 */
void HAL_GPIO_EXTI_Callback(uint16_t GPIO_Pin)
{
  if (GPIO_Pin == KEY1_Pin)
  {
      HAL_GPIO_TogglePin(IA1_Motor_GPIO_Port, IA1_Motor_Pin);//打开/关闭马达
  }
}
/* USER CODE END 4 */
```

7.1.4 管道传输设计

参考 4.1.3 节，进行嵌入式终端侧传输和基于 UDP 的云平台接收设计。嵌入式终端驱动 NB-IoT 模组和 UDP 传输的功能代码参考如下。

```c
/*****************************************************************
 * 函数名称: NB_Attach
 * 说     明: NB 初始化入网过程（基于 BearPI 源代码改进）
 * 参     数: uint8_t isPrintf, 是否打印 Log; uint8_t isReboot 是否重启
 * 返 回 值: 无
 *****************************************************************/
```

```
void NB_Attach (uint8_t isPrintf, uint8_t isReboot) {
    if (isReboot == 1) {
        NB_SendCmd((uint8_t *) "AT+NRB\r\n", (uint8_t *) "OK", DefaultTimeout,
        isPrintf);
        NB_SendCmd((uint8_t *) "AT+CFUN?\r\n", (uint8_t *) "OK", DefaultTimeout,
        isPrintf);
        NB_SendCmd((uint8_t *) "AT+CGSN=1\r\n", (uint8_t *) "OK", DefaultTimeout,
        isPrintf);
        NB_SendCmd((uint8_t *) "AT+CIMI\r\n", (uint8_t *) "OK", DefaultTimeout,
        isPrintf);
        NB_SendCmd((uint8_t *) "AT+CGATT=1\r\n", (uint8_t *) "OK", DefaultTimeout,
        isPrintf);
    }
    NB_SendCmd ((uint8_t *) "AT+CGATT?\r\n", (uint8_t *) "+ CGATT:1",
    DefaultTimeout, isPrintf);
    NB_SendCmd ((uint8_t *) "AT+CSQ\r\n", (uint8_t *) "OK", DefaultTimeout, isPrintf);
    NB_SendCmd ((uint8_t *) "AT+CEREG=1\r\n", (uint8_t *) "OK", DefaultTimeout,
    isPrintf);
    NB_SendCmd ((uint8_t *) "AT+CEREG?\r\n", (uint8_t *) "+ CEREG:1,1",
    DefaultTimeout, isPrintf);
}
/*************************************************************
* 函数名称: NB_CreateSocket
* 说      明: NB 建立 Socket
* 参      数: SocketProtocol，TCP 与 UDP 选择
* 返 回 值: 无
*************************************************************/
void NB_CreateSocket (NB_PROTOCOL nb_protocol) {
    //例 TCP：AT+NSOCR=STREAM, 6, LocalPort,1
    //例 UDP：AT+NSOCR=DGRAM,17, LocalPort,1
    uint8_t LocalPort[] = "1008";
```

```c
        memset(cmdSend, 0, sizeof(cmdSend));
        strcat(cmdSend, "AT+NSOCR=");
        if (nb_protocol == TCP) {
            strcat(cmdSend, "STREAM,6,");
        } else if (nb_protocol == UDP) {
            strcat(cmdSend, "DGRAM,17,");
        }
        strcat(cmdSend, (const char *) LocalPort);
        strcat(cmdSend, "\r\n");
        NB_SendCmd((uint8_t *) cmdSend, (uint8_t *) "OK", DefaultTimeout, isPrintf);
}

/***************************************************************
* 函数名称: NB_SendMsgToUdpServer
* 说      明: NB 发送消息到 UDP 服务器（基于 BearPI 源代码改进）
* 参      数: *msg，要发送的数据（String 形式）
* 返 回 值: 无
***************************************************************/
void NB_SendMsgToUdpServer (uint8_t *msg, uint8_t *host_ip, uint8_t *host_port) {
        memset(cmdSend, 0, sizeof(cmdSend));
        uint8_t len = 0;
        char msgLen[4] = {0};
        char msg_Socket_ID[3] = {0};
        len = strlen((const char *) msg) / 2;
        DecToString(len, msgLen);
        DecToString(Socket_ID, msg_Socket_ID);
        strcat(cmdSend, "AT+NSOST=");
        strcat(cmdSend, msg_Socket_ID);
        strcat(cmdSend, ",");
        strcat(cmdSend, (const char *) host_ip);
        strcat(cmdSend, ",");
        strcat(cmdSend, (const char *) host_port);
```

```
    strcat(cmdSend, ",");

    strcat(cmdSend, msgLen);

    strcat(cmdSend, ",");

    strcat(cmdSend, (const char *) msg);

    strcat(cmdSend, "\r\n");

    NB_SendCmd((uint8_t *) cmdSend, (uint8_t *) "OK", DefaultTimeout, isPrintf);

}

/****************************************************************

* 函数名称: NB_SendCmd

* 说      明: NB 模组的 AT 指令发送（基于 BearPI 源代码改进）

* 参      数: uint8_t *cmd，需要发送的命令

*               uint8_t *result，期望获得的结果

*               uint32_t timeOut，等待期望结果的时间

*               uint8_t isPrintf，是否打印 Log

* 返 回 值: 无

****************************************************************/

void NB_SendCmd (uint8_t *cmd, uint8_t *result, uint32_t timeOut, uint8_t isPrintf) {

    char *pos;

    char *pos_init = (char *) LPUART1_RX_BUF;

    char msgSocket_ID[6]; //"\r\n<最多 3 位 SocketID>\r"

    memset(LPUART1_RX_BUF, 0, strlen((const char *) LPUART1_RX_BUF));//清除
    缓存

    if (isPrintf)

        printf("MCU-->>NB: %s\r\n", cmd);

    HAL_UART_Transmit(&hlpuart1, cmd, strlen((const char *) cmd), timeOut);

    HAL_Delay(500);

    while (1) {

        pos = strstr((char *) LPUART1_RX_BUF, (const char *) result);

        if (pos) {

            if (nb_protocol == UDP || nb_protocol == TCP) {

                if (strstr((const char *) cmd, (const char *) "AT+NSOCR")) {//获取
```

```
                socket_id
                    memcpy(msgSocket_ID, (char *) LPUART1_RX_BUF, sizeof(pos-
                    pos_init));
                    Socket_ID = atoi(msgSocket_ID);
                    break;
                }
                else if (strstr((const char *) cmd, (const char *) "AT+NSORF"))
                {//socket 接收数据存入 SocketMsgReceive
                    memset(SocketMsgReceive, 0, sizeof(SocketMsgReceive));
                    memcpy(SocketMsgReceive, LPUART1_RX_BUF, strlen((const
                    char *) LPUART1_RX_BUF));
                }
                else if (strstr((const char *) cmd, (const char *) "AT+CIMI")) {//获取
                IMSI
                    pos_init = strstr((char *) LPUART1_RX_BUF, (const char *) "\n");
                    memcpy(IMSI, pos_init + 1, sizeof(pos - pos_init)*4);
                }
                else if (strstr((const char *) cmd, (const char *) "AT+CGSN")) {//获取
                IMEI
                    pos_init = strstr((char *) LPUART1_RX_BUF, (const char *) ":");
                    memcpy(IMEI, pos_init + 1, sizeof(pos - pos_init)*4);
                }
            }
            break;
        } else {
            HAL_UART_Transmit(&hlpuart1, cmd, strlen((const char *) cmd), timeOut);
            LPUART1_RX_LEN = 0;
            HAL_Delay(timeOut);
        }
    }
    if (isPrintf)
```

```
        printf("NB-->>MCU: %s\r\n", LPUART1_RX_BUF);
    HAL_Delay(timeOut);
    LPUART1_RX_LEN = 0;
}
```

7.1.5　自建云端数据可视化设计

1. 编写 InfluxDB 数据库数据接收和存储代码

```python
# !/usr/bin/env python3
# -*-coding: UTF-8 -*-
import socketserver
from socket import *
from DataConn import *
from Constant import GetValue
from influxdb import InfluxDBClient
from Influxdb_conn import *
import re
import json
import datetime
class MyUDPHandler(socketserver.BaseRequestHandler):
    def handle(self):
        # 接收数据
        self.data = self.request[0]    # 接收数据，数据以字符串形式返回
        print("rev_from{}    data: {}".format(self.client_address, self.data))
        data_str = str(self.data, encoding="utf8")
        json_row = json.loads(data_str)
        self.data = "0"
        # 数据库存储
        insert_influx(json_row)
        print("***Data saved successfully***")
if __name__ == "__main__":
    iotplatform = connectPlatform()    # 连接数据库
    influxclient = InfluxDBClient(GetValue.db2IP, GetValue.db2Port, GetValue.user,
```

```
GetValue.password, GetValue.db_name)
server = socketserver.ThreadingUDPServer(('', GetValue.UdpPort), MyUDPHandler)
# 绑定服务器 IP 和串口号，启动监听，采用多线程
print("UDPServer is up and waiting for a connection...")
server.serve_forever()
```

2. 在 Grafana 中，添加 InfluxDB 数据源

添加 InfluxDB 数据源如图 7-3 所示。

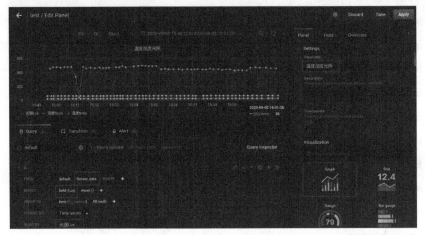

图 7-3　添加 InfluxDB 数据源

3. 创建可视化图表

创建 Grafana 可视化图表如图 7-4 所示。

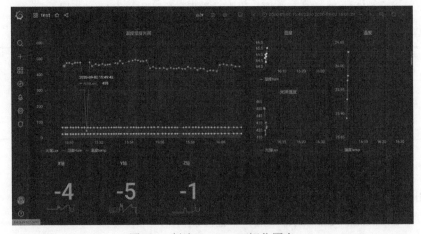

图 7-4　创建 Grafana 可视化图表

7.2　智慧路灯实战

7.2.1　应用背景

　　智慧路灯作为智慧城市重要基础公共设施之一的照明设施，综合承载了多种传感器和仪器，是具备智能控制能力的杆、塔等设施的总称。可以实现城市路灯的精确化管理和资源的节约高效利用[2]。

　　本实战中，智慧路灯感知系统采用光照传感器检测环境中的光照强度，通过华为云公有云平台监测光照数据，控制路灯开关，模拟城市智慧照明的核心部分。

7.2.2　系统框架

　　智慧路灯实战示意如图 7-5 所示，其中框线处描述了智慧农业实战在物联网分层中所涉及的模块。

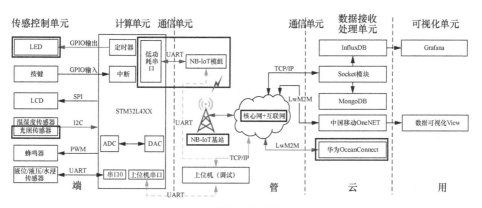

图 7-5　智慧路灯实战示意

7.2.3　感知终端设计

　　小熊派智慧路灯扩展板上采用的 BH1750 是日本 ROHM 半导体公司生产的光照传感器，被市场广泛采用。

1. 使用 STM32CubeMX 配置功能引脚

　　首先，确认 BH1750 的通信方式为 I2C，引脚包括 IIC SDA 和 IIC SCL，BH1750 所用引脚如图 7-6 所示。

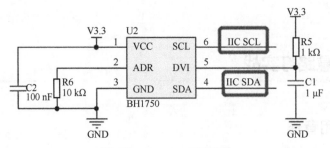

图 7-6　BH1750 所用引脚

然后，找出该传感器所在的扩展板对应的引脚，即 IIC SDA 和 IIC SCL，如图 7-7 所示。

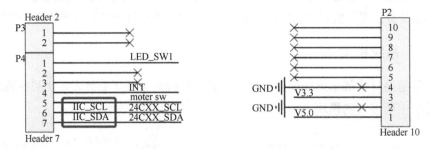

图 7-7　扩展板对应引脚

最后，找出该扩展板的 IIC SDA 和 IIC SCL 引脚与开发板上 STM32L4 单片机的引脚的连接方式，确定需要配置的单片机引脚，使能 I2C 功能。

① PB7->I2C_SDA

② PB6->I2C_SCL

③ PA10->USART1_RX

④ PA9->USART1_TX

⑤ PC1->LPUART1_TX

⑥ PC0->LPUART1_RX

⑦ PC13->GPIO_OUTPUT(LED)

2. 配置 I2C 总线

配置 I2C1 模式为 I2C。

3. 配置 UART 总线

配置 UART1 模式为 Asynchronous，配置 LPUART1 模式为 Asynchronous。

4. 配置 GPIO 口

将 GPIO 的 User Label 按图 7-8 所示的 GPIO 配置 1 进行修改。

图 7-8　GPIO 配置 1

5．编写光照采集函数

说明：以下部分代码源于小熊派开发板配套例程，原始例程代码读者可自行购买开发板后获取。

① 根据图 7-9 确定 BH1750 地址为 0x46。

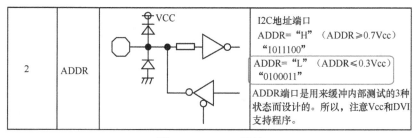

图 7-9　BH1750 地址

② 系统初始化后执行。

```
/***********************************************************
* 函数名称: Init_BH1750
* 说    明: 写命令初始化 BH1750
* 参    数: 无
* 返 回 值: 无
***********************************************************/

void Init_BH1750    (void)
{
    uint8_t t_Data = 0x01;
    HAL_I2C_Master_Transmit(&hi2c1, BH1750_Addr, &t_Data, 1, 0xff);
}
```

③ 每次获取光照强度值时执行。

```
/***********************************************************
* 函数名称: Read_Data
* 说    明: 测量光照强度
* 参    数: 无
* 返 回 值: 无
***********************************************************/

uint8_t BUF[2];
int result;
void Read_Data(void) {
    uint8_t t_Data = 0x10;
    HAL_I2C_Master_Transmit(&hi2c1, BH1750_Addr, &t_Data, 1, 0xff);
    HAL_Delay(180);
    HAL_I2C_Master_Receive(&hi2c1, BH1750_Addr + 1, BUF, 2, 0xff);
    result = BUF[0];
    result = (result << 8) + BUF[1];    //合成数据，即光照数据
    Lux = (float) (result / 1.2);
}
```

④ 当光照强度低于阈值时开启 LED 灯。

```
Init_BH1750();
/* USER CODE BEGIN WHILE */
```

```
while (1)
{
 /* USER CODE END WHILE */
 /* USER CODE BEGIN 3 */
 HAL_GPIO_WritePin(SC1_Light_GPIO_Port, SC1_Light_Pin, RESET); //关灯
 Read_Data();
 printf("Lux Value is    %d\r\n", (int)Lux);
 if (Lux < 100.0 )
     HAL_GPIO_WritePin(SC1_Light_GPIO_Port, SC1_Light_Pin, SET); //开灯
 HAL_Delay(2000);
}
 /* USER CODE END 3 */
```

7.2.4　管道传输设计

NB-IoT 模组初始化和 AT 指令发送函数设计请参考 4.4.1 节。为了使终端与华为 OceanConnect 云平台进行对接，NB-IoT 模组需基于 LwM2M 协议进行数据传输，参考代码如下。

```
/************************************************************
* 函数名称: NB_SendMsgToCDPServer
* 说      明: NB 发送消息到服务器
* 参      数: *msg，要发送的数据（String 形式）
* 返 回 值: 无
************************************************************/
void NB_SendMsgToCDPServer(uint8_t *msg) {
    //例：AT+NMGS=len, msg
    memset(cmdSend, 0, sizeof(cmdSend));
    uint8_t len = 0;
    char msgLen[4] = {0};
    len = strlen((const char *) msg) / 2;
    DecToString(len, msgLen);
    strcat(cmdSend, "AT+NMGS=");
    strcat(cmdSend, msgLen);
    strcat(cmdSend, ",");
```

```
strcat(cmdSend, (const char *) msg);

strcat(cmdSend, "\r\n");

NB_SendCmd((uint8_t *) cmdSend, (uint8_t *) "OK", DefaultTimeout, isPrintf);
}
```

7.2.5 基于华为 OceanConnect 云平台设计

（1）添加 Profile 定义，如图 7-10 所示。

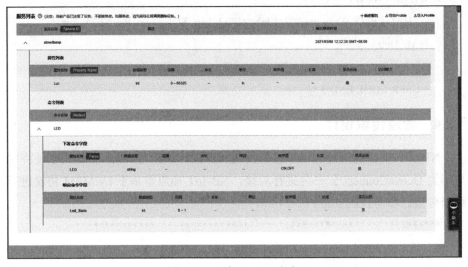

图 7-10 添加 Profile 定义

（2）编辑数据上报字段和编辑命令下发字段分别如图 7-11 和图 7-12 所示，编辑编码插件并部署。

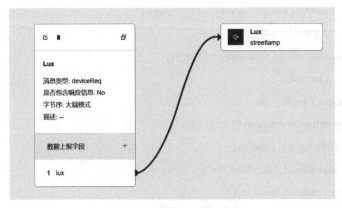

图 7-11 编辑数据上报字段

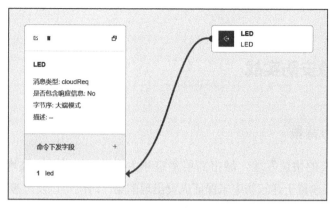

图 7-12　编辑命令下发字段

（3）添加测试设备，如图 7-13 所示。

图 7-13　添加测试设备

（4）进入在线调测界面，可以查看从终端接收的数据，如图 7-14 所示。

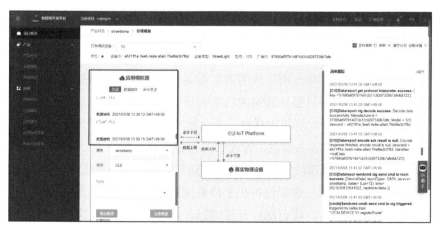

图 7-14　查看终端上报数据

7.3 智慧安防实战

7.3.1 应用背景

随着社会的快速发展，城市高层建筑和大型建筑等数量日益增多，需要大量的消防设备放置于建筑物中来保证火灾出现的第一时间可以及时被扑灭。因此，依托物联网云平台，以高层和大型建筑消防设备管理人员为主要服务对象，设计一套物联网消防设备远程监控系统是十分必要的[3]。

7.3.2 系统框架

智慧安防实战示意如图 7-15 所示，其中框线处所示为智慧安防实战在物联网分层中所涉及的模块。

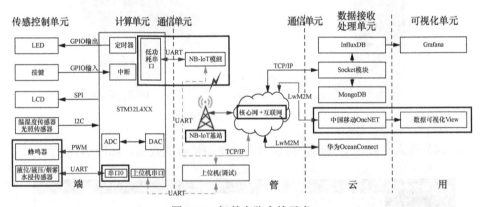

图 7-15　智慧安防实战示意

系统通过液位传感器、液压传感器、烟雾传感器、水浸传感器以及蜂鸣器的终端设计，管理者可以监控建筑内的消防设备运行状态。

结合 OneNET 云平台利用物联网云平台技术，在管理端给管理部门提供实时监控消防设备获取消防设备信息，管理部门远程监控，节省了大量的人力物力，提高巡检效率，使管理部门全天候随时随地地对消防设备进行监控管理。

为实现智能化需求，终端设备在上报数据之前对采集数据进行分析，若终端设备采集的数据异常，将自动打开蜂鸣器；若采集的数据正常，则蜂鸣器不会开启，采集的数据和分析结果发送至云平台，云平台可实时监控设备情况。

7.3.3　感知终端设计

1．使用 STM32CubeMX 配置功能引脚

① PB9->GPIO_OUTPUT(IS1)

② PB8->GPIO_OUTPUT(IS1_Beep)

③ PA10->USART1_RX

④ PA9->USART1_TX

⑤ PC5->USART3_RX

⑥ PC4->USART3_TX

⑦ PA3->USART2_RX

⑧ PA2->USART2_TX

⑨ PC0->LPUART1_RX

⑩ PC1->LPUART1_TX

⑪ PH0->RCC_OSC_IN

⑫ PH1->RCC_OSC_OUT

2．配置 UART 总线

配置 UART1 模式为 Asynchronous，配置 UART2 模式为 Asynchronous，配置 UART3 模式为 Asynchronous，配置 LPUART1 模式为 Asynchronous。

3．配置 GPIO 口

将 GPIO 的 User Label 按图 7-16 所示的 GPIO 配置 2 进行修改。

图 7-16　GPIO 配置 2

4. 液位采集模块设计

（1）液位传感器型号

本系统选用 HDL300 型液位变送器来测量液位，该液位变送器是基于所测液位静压与该液体高度成正比的原理，采用扩散硅压阻效应，将压力转换为电信号，经过温度补偿和线性校准，转换成标准的电流、电压、RS485（标准 Modbus-RTU 协议）等信号输出。液位传感器实物如图 7-17 所示。

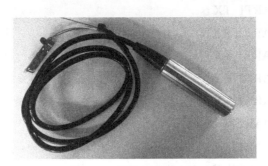

图 7-17　液位传感器实物

（2）通信协议

由于本系统采用的液位传感器为 HDL300 型液位变送器，属于工业级传感器，只需要基于 Modbus-RTU 协议与传感器通信即可获取传感器采集的数据。HDL300 型液位变送器通信协议技术参数如表 7-1 所示。

表 7-1　HDL300 型液位变送器通信协议技术参数

编码	数据位/位	奇偶校验位	停止位/位	错误校验	波特率/(bit·s⁻¹)
8 位二进制	8	无	1	CRC（冗余循环码）	可设置为 1 200、2 400、4 800、9 600、19 200、38 400、57 600、115 200，出厂默认为 9 600

注：数据通信过程中的数据全部是按照双字节、有符号的整型数据来处理，如果数据标识的是浮点数，则需要读取小数点来确定数据的大小。

HDL300 型液位变送器读取数据命令格式如图 7-18 所示。

读取液位数据命令（地址0x01）举例

地址	功能码	数据起始 (H)	数据起始 (L)	数据个数 (H)	数据个数 (L)	CRC16 (L)	CRC16 (H)
0x01	0x03	0x00	0x04	0x00	0x01	0xC5	0xCB

返回读数据格式举例

地址	功能码	数据长度	数据 (H)	数据 (L)	CRC16 (L)	CRC16 (H)
0x01	0x03	0x02	0x00	0x01	0x79	0x84

图 7-18　HDL300 型液位变送器读取数据命令格式

（3）编写 level.c 液位采集的驱动文件

```
//读取液位传感器输出值
float Read_Level_Output()
{
    uint8_t Tx[8]={0x01,0x03,0x00,0x04,0x00,0x01};
    int resultc;
    float level_result;
    Crc=CrcCal(Tx,6);   //modbus_CRC_16 计算
    Tx[6]=Crc>>8;
    Tx[7]=Crc;
    if(level == 2) {
    //用 UART2 串口连接液位传感器
    memset(USART2_RX_BUF, 0, strlen((const char *) USART2_RX_BUF));
    //清除缓存
    USART2_RX_LEN = 0;
    HAL_UART_Transmit_IT(&huart2,(uint8_t *)Tx,sizeof(Tx));
    //开始读取液位数据
     while(1) {
        if(USART2_RX_LEN == 7) break;
        //接收液位数据
     }
    resultc=DatatoInt(USART2_RX_BUF[3],USART2_RX_BUF[4]);
    //转化接收数据为十进制
    level_result=(float)resultc/10;
    //获得液位数据
}
if(level == 3) {
//用 UART3 串口连接液位传感器
    memset(USART3_RX_BUF, 0, strlen((const char *) USART3_RX_BUF));
    //清除缓存
    USART3_RX_LEN = 0;
    HAL_UART_Transmit_IT(&huart3,(uint8_t *)Tx,sizeof(Tx));
    //开始读取液位数据
```

```
    while(1) {
        if(USART3_RX_LEN == 7) break;
        //接收液位数据
    }
    resultc=DatatoInt(USART3_RX_BUF[3],USART3_RX_BUF[4]);
    //转化接收数据为十进制
    level_result=(float)resultc/10;
    //获得液位数据
}
if(level_result>level_warn)
    buzzer_output=1;
    //开启蜂鸣器
    return level_result;
    //返回采集结果
}
```

程序运行的液位采集数据如图 7-19 所示。

```
[2021-03-16_14:10:55:110]Liquid Level is 20.5CM
[2021-03-16_14:10:56:157]Liquid Level is 20.5CM
[2021-03-16_14:10:57:204]Liquid Level is 20.6CM
[2021-03-16_14:10:58:250]Liquid Level is 20.6CM
[2021-03-16_14:10:59:297]Liquid Level is 20.6CM
[2021-03-16_14:11:00:360]Liquid Level is 20.5CM
[2021-03-16_14:11:01:391]Liquid Level is 20.5CM
[2021-03-16_14:11:02:437]Liquid Level is 20.5CM
[2021-03-16_14:11:03:483]Liquid Level is 20.5CM
[2021-03-16_14:11:04:530]Liquid Level is 20.5CM
[2021-03-16_14:11:05:577]Liquid Level is 20.6CM
[2021-03-16_14:11:06:623]Liquid Level is 20.5CM
[2021-03-16_14:11:07:671]Liquid Level is 20.5CM
[2021-03-16_14:11:08:717]Liquid Level is 20.5CM
[2021-03-16_14:11:09:763]Liquid Level is 20.5CM
[2021-03-16_14:11:10:811]Liquid Level is 20.5CM
[2021-03-16_14:11:11:841]Liquid Level is 20.5CM
[2021-03-16_14:11:12:888]Liquid Level is 20.5CM
[2021-03-16_14:11:13:935]Liquid Level is 20.5CM
```

图 7-19　液位采集数据

5. 液压采集模块设计

（1）液压传感器型号

本系统选用 WSSP08A 压力变送器来测量液压，该压力变送器是工业级压力变送器，用于检测气体或者液体压力，测量精度达到 0.5%FS，使用 RS485（标准 Modbus-RTU 协议），外壳为 304 不锈钢，具有超强抗干扰能力和 IP65

的防护等级。WSSP08A 压力变送器实物如图 7-20 所示。

图 7-20　WSSP08A 压力变送器实物

WSSP08A 压力变送器主要性能参数如表 7-2 所示。

表 7-2　WSSP08A 压力变送器主要性能参数

供电电压 （直流）/ V	压力量程/ MPa	输出信号	测量精度/FS	温度漂移/ (FS·℃⁻¹)	工作温度/℃
12～24	0～2.5	RS485（标准 Modbus-RTU 协议）	0.5%	±0.2%（温度 补偿范围）	−40～85

系统中 WSSP08A 压力变送器的电路连接并不复杂，只需通过 RS485 转 UART 接口模组连接主控芯片 STM32L431RCT6 的 UART 接口连接。

（2）通信协议

由于本系统采用的液压传感器为 WSSP08A 压力变送器，属于工业级传感器，只需要基于 Modbus-RTU 协议与传感器通信即可获取传感器采集的数据。WSSP08A 压力变送器通信协议技术参数如表 7-3 所示。

表 7-3　WSSP08A 压力变送器通信协议技术参数

编码	数据位/位	奇偶校验位	停止位/位	错误校验	波特率/ (bit·s⁻¹)
8 位二进制	8	无	1	CRC（冗余循环码）	9 600

WSSP08A 压力变送器读取数据命令格式如图 7-21 所示。

读取液压数据命令（地址0x01）举例

地址	功能码	数据起始 (H)	数据起始 (L)	数据个数 (H)	数据个数 (L)	CRC16 (L)	CRC16 (H)
0x01	0x03	0x00	0x00	0x00	0x01	0x84	0x0A

返回读数据格式举例

地址	功能码	数据长度	数据 (H)	数据 (L)	CRC16 (L)	CRC16 (H)
0x01	0x03	0x02	0x02	0xAC	0xB9	0x59

图 7-21　WSSP08A 压力变送器读取数据命令格式

根据数据协议可知数据输出：0～2 000 对应 0～2.5 MPa，故当前压力为

$$p = 2.5 \times \frac{采集结果}{2\ 000}$$

（3）编写 pressure.c 液压采集的驱动文件

```
float Read_Pressure_Output()
{
    uint8_t Tx[8]={0x01,0x03,0x00,0x00,0x00,0x01};
    int resultc;
    float pressure_result;
    Crc=CrcCal(Tx,6);    //modbus_CRC_16 计算
    Tx[6]=Crc>>8;
    Tx[7]=Crc;
    if(pressure==2) {    //用 UART2 串口连接液压传感器
        memset(USART2_RX_BUF, 0, strlen((const char *) USART2_RX_BUF));
        //清除缓存
        USART2_RX_LEN = 0;
        HAL_UART_Transmit_IT(&huart2,(uint8_t *)Tx,sizeof(Tx));
        //开始读取液压数据
        while(1) {
            if(USART2_RX_LEN == 7) break;    //接收液压数据
        }
        resultc=DatatoInt(USART2_RX_BUF[3],USART2_RX_BUF[4]);
        //转化接收数据为十进制
        pressure_result=(float)resultc*2.5/2000;
        //获得液压数据
    }
    else if(pressure==3) {    //用 UART3 串口连接液压力传感器
        memset(USART3_RX_BUF, 0, strlen((const char *) USART3_RX_BUF));
        //清除缓存
        USART3_RX_LEN = 0;
        HAL_UART_Transmit_IT(&huart3,(uint8_t *)Tx,sizeof(Tx));
        //开始读取液压数据
```

```
        while(1) {
            if(USART3_RX_LEN == 7) break; //接收液压数据
        }
        resultc=DatatoInt(USART3_RX_BUF[3],USART3_RX_BUF[4]);
        //转化接收数据为十进制
        pressure_result=(float)resultc*2.5/2000;
        //获得液压数据
    }
    printf("Pressure is %f MPa\n",pressure_result);
    if(pressure_result>pressure_warn) buzzer_output=1;//开启蜂鸣器
    return pressure_result; //返回采集结果
}
```

在串口工具上查看液压采集数据，如图 7-22 所示。

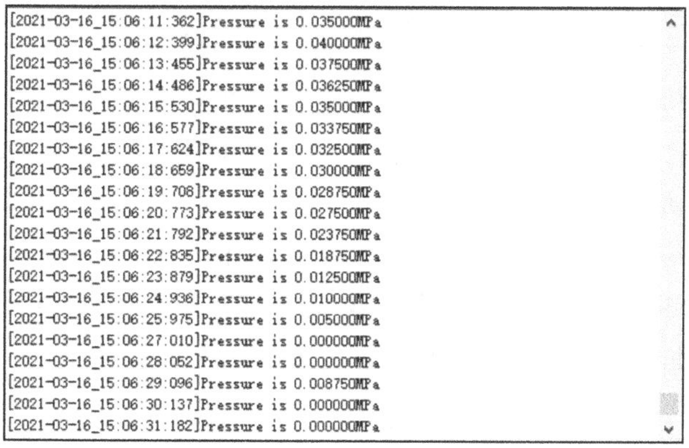
```
[2021-03-16_15:06:11:362]Pressure is 0.035000MPa
[2021-03-16_15:06:12:399]Pressure is 0.040000MPa
[2021-03-16_15:06:13:455]Pressure is 0.037500MPa
[2021-03-16_15:06:14:486]Pressure is 0.036250MPa
[2021-03-16_15:06:15:530]Pressure is 0.035000MPa
[2021-03-16_15:06:16:577]Pressure is 0.033750MPa
[2021-03-16_15:06:17:624]Pressure is 0.032500MPa
[2021-03-16_15:06:18:659]Pressure is 0.030000MPa
[2021-03-16_15:06:19:708]Pressure is 0.028750MPa
[2021-03-16_15:06:20:773]Pressure is 0.027500MPa
[2021-03-16_15:06:21:792]Pressure is 0.023750MPa
[2021-03-16_15:06:22:835]Pressure is 0.018750MPa
[2021-03-16_15:06:23:879]Pressure is 0.012500MPa
[2021-03-16_15:06:24:936]Pressure is 0.010000MPa
[2021-03-16_15:06:25:975]Pressure is 0.005000MPa
[2021-03-16_15:06:27:010]Pressure is 0.000000MPa
[2021-03-16_15:06:28:052]Pressure is 0.000000MPa
[2021-03-16_15:06:29:096]Pressure is 0.008750MPa
[2021-03-16_15:06:30:137]Pressure is 0.000000MPa
[2021-03-16_15:06:31:182]Pressure is 0.000000MPa
```

图 7-22　液压采集数据

6. 水浸传感模块设计

（1）水浸传感器型号

本系统选用 VMS-3002-SJ-N01 水浸传感器来检测是否有水，该水浸传感器广泛适用于通信基站、宾馆、饭店、机房、图书馆、档案库、仓库、机柜以及其他需积水报警的场所。该设备采用独有的交流检测技术，有效避免了浸水电极长时间工作氧化导致漏水灵敏度下降的问题。可选 RS485 输出、开关量输出。485 输出为标准 Modbus-RTU 协议，最远通信距离 2 000 m，可直接接入现场的可编程逻辑控制器（Programmable Logic Controller，PLC）、工控仪表、组态屏或组态软件。外接漏水电极最远可达 30 m，亦可外接长达 30 m 的漏水绳。该设备采用防水外壳，防护等级高，可长时间应用于潮湿、高粉尘等恶劣场合。VMS-3002-SJ-N01 水浸传感器实物如图 7-23 所示。

图 7-23　VMS-3002-SJ-N01 水浸传感器实物

VMS-3002-SJ-N01 水浸传感器主要性能参数如表 7-4 所示。

表 7-4　VMS-3002-SJ-N01 水浸传感器主要性能参数

供电电压（直流）/ V	输出信号	工作温度/℃	最大功耗/W
10～30	RS485 输出（Modbus-RTU 协议）	−20～+60	0.4

系统中 VMS-3002-SJ-N01 水浸传感器的电路连接并不复杂，只需通过 RS485 转 UART 接口模组连接主控芯片 STM32L431RCT6 的 UART 接口。

（2）通信协议

由于本系统采用的水浸传感器为工业级 VMS-3002-SJ-N01 水浸传感器，只需要基于 Modbus-RTU 协议与传感器通信即可获取传感器采集的数据。VMS-3002-SJ-N01 水浸传感器通信协议技术参数如表 7-5 所示。

表 7-5　VMS-3002-SJ-N01 水浸传感器通信协议技术参数

编码	数据位/位	奇偶校验位	停止位/位	错误校验	波特率/(bit·s⁻¹)
8 位二进制	8	无	1	CRC（冗余循环码）	可设置为 2 400、4 800、9 600，出厂默认为 4 800

VMS-3002-SJ-N01 水浸传感器读取数据命令格式如图 7-24 所示。

读取水浸状态命令（地址0x01）举例

地址	功能码	数据起始(H)	数据起始(L)	数据个数(H)	数据个数(L)	CRC16 (L)	CRC16 (H)
0x01	0x03	0x00	0x02	0x00	0x01	0x25	0xCA

返回读数格式举例

地址	功能码	数据长度	数据 (H)	数据 (L)	CRC16 (L)	CRC16 (H)
0x01	0x03	0x02	0x00	0x01	0x79	0x84

图 7-24　VMS-3002-SJ-N01 水浸传感器读取数据命令格式

VMS-3002-SJ-N01 水浸传感器状态说明如图 7-25 所示。

水浸状态说明

水浸状态代码	水浸状态
0x01	正常
0x02	报警

图 7-25　VMS-3002-SJ-N01 水浸传感器状态说明

（3）编写 water.c 水浸采集的驱动文件

```
//读取水浸传感器输出值
int Read_Water_Output() {
    uint8_t Tx[8]={0x01,0x03,0x00,0x02,0x00,0x01};
    Crc=CrcCal(Tx,6);   //modbus_CRC_16 计算
    Tx[6]=Crc>>8;
    Tx[7]=Crc;
    int water_result;
    if(water == 2) {   //用 UART2 串口连接水浸传感器
        memset(USART2_RX_BUF, 0, strlen((const char *) USART2_RX_BUF));
        //清除缓存
        USART2_RX_LEN = 0;
        HAL_UART_Transmit_IT(&huart2,(uint8_t *)Tx,sizeof(Tx));
        //开始读取水浸数据
        while(1) {
            if(USART2_RX_LEN == 7) break; //接收水浸数据
        }
        if(USART2_RX_BUF[4]==0x01) {//返回数据为正常状态
            water_result=0;
        }
        else if(USART2_RX_BUF[4]==0x02) {//返回数据为异常状态
            water_result=1;
        }
    }
    if(water == 3){ //用 UART3 串口连接水浸传感器
        memset(USART3_RX_BUF, 0, strlen((const char *) USART3_RX_BUF));
        //清除缓存
```

```
        USART3_RX_LEN = 0;
        HAL_UART_Transmit_IT(&huart3,(uint8_t *)Tx,sizeof(Tx));
        //开始读取水浸数据
        while(1) {
            if(USART3_RX_LEN == 7) break; //接收水浸数据
        }
        if(USART3_RX_BUF[4]==0x01) { //返回数据为正常状态
            water_result=0;
        }
        else if(USART3_RX_BUF[4]==0x02) { //返回数据为异常状态
            water_result=1;
        }
    }
    if(water_result==1) buzzer_output=1;
    //开启蜂鸣器
    return water_result;
}
```

在串口上查看水浸状态采集结果，如图 7-26 所示。

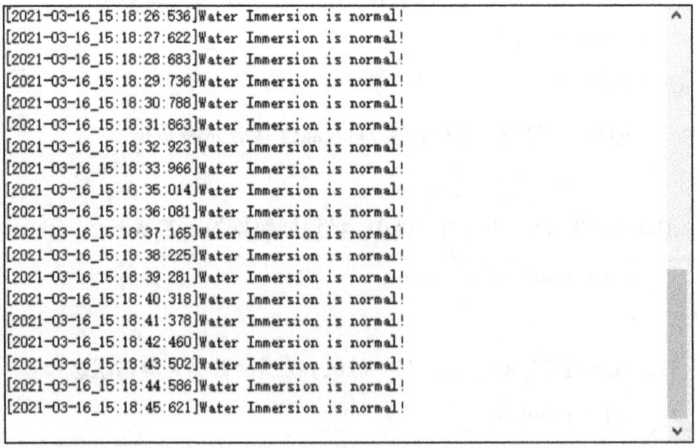

图 7-26　水浸状态采集结果

7. 烟雾报警模块设计

（1）烟雾传感器型号

本系统选用 JXBS-3001-YW 烟雾传感器来检测是否有烟雾，该烟雾传感器是光电式烟雾传感器，采用光电对管采集烟雾信息，光电对管之间形成一定的角度，互相检测不到。当烟雾进入传感器时，烟雾折射使光电对管可以检测到对射的红外线，从而报警。通过芯片控制，每 8 s 采集一次，可以很好地降低功耗，设备为 RS485 输出，标准的 Modbus-RTU 协议。产品适合家庭住宅区、楼盘别墅、厂房、仓库、商场、写字楼等场所的安全防范。JXBS-3001-YW 烟雾传感器实物如图 7-27 所示。

图 7-27　JXBS-3001-YW 烟雾传感器实物

JXBS-3001-YW 烟雾传感器主要性能参数如表 7-6 所示。

表 7-3　JXBS-3001-YW 烟雾传感器主要性能参数

供电电压（直流）/ V	输出信号	烟雾灵敏度/% obs·m^{-1}	工作温度/℃	耗电/W
12～24	RS485 输出	3.18 ± 78	−20～60	小于或等于 0.15（@12 V DC, 25 ℃）

系统中 JXBS-3001-YW 烟雾传感器的电路连接并不复杂，只需通过 RS485 转 UART 接口模组连接主控芯片 STM32L431RCT6 的 UART 接口连接。

（2）通信协议

由于本系统采用的烟雾传感器为工业级传感器，JXBS-3001-YW 光电式烟雾传感器，只需要基于 Modbus-RTU 协议与传感器通信即可获取传感器采集的数据。JXBS-3001-YW 烟雾传感器通信协议技术参数如表 7-7 所示。

表 7-7　JXBS-3001-YW 烟雾传感器通信协议技术参数

编码	数据位/位	奇偶校验位	停止位/位	错误校验	波特率/(bit·s^{-1})
8 位二进制	8	无	1	CRC（冗余循环码）	9 600

JXBS-3001-YW 烟雾传感器读取数据命令格式如图 7-28 所示。

读取烟雾报警状态命令（地址0x01）举例

地址	功能码	数据起始 (H)	数据起始 (L)	数据个数 (H)	数据个数 (L)	CRC16 (L)	CRC16 (H)
0x01	0x03	0x00	0x05	0x00	0x01	0x94	0x0B

返回读数据格式举例

地址	功能码	数据长度	数据 (H)	数据 (L)	CRC16 (L)	CRC16 (H)
0x01	0x03	0x02	0x00	0x01	0x79	0x84

图 7-28　JXBS-3001-YW 烟雾传感器读取数据命令格式

JXBS-3001-YW 烟雾传感器报警状态说明如图 7-29 所示。

烟雾报警状态说明

烟雾报警状态代码	烟雾报警状态
0x00	正常
0x01	报警

图 7-29　JXBS-3001-YW 烟雾传感器报警状态说明

（3）编写 smoke.c 烟雾探测采集的驱动文件

```
//读取烟雾报警输出值
int Read_Smoke_Output() {
    uint8_t Tx[8]={0x01,0x03,0x00,0x05,0x00,0x01};
    Crc=CrcCal(Tx,6);   //modbus_CRC_16 计算
    Tx[6]=Crc>>8;
    Tx[7]=Crc;
    int smoke_result;
    if(smoke==2) {   //用 UART2 串口连接烟雾传感器
        memset(USART2_RX_BUF, 0, strlen((const char *) USART2_RX_BUF));
        //清除缓存
        USART2_RX_LEN = 0;
        HAL_UART_Transmit_IT(&huart2,(uint8_t *)Tx,sizeof(Tx));
        //开始读取烟雾传感器数据
        while(1) {
            if(USART2_RX_LEN == 7) break;       //接收烟雾传感器数据
        }
        if(USART2_RX_BUF[4]==0x00) {            //返回数据为正常状态
            printf("The place is normal!\n");
            smoke_result=0;
```

```
        }
        else if(USART2_RX_BUF[4]==0x01){        //返回数据为异常状态
            printf("There is smoke in this place! Warning!\n");
            smoke_result=1;
        }
    }
    if(smoke == 3){    //用 UART3 串口连接烟雾传感器
        memset(USART3_RX_BUF, 0, strlen((const char *) USART3_RX_BUF));
        //清除缓存
        USART3_RX_LEN = 0;
        HAL_UART_Transmit_IT(&huart3,(uint8_t *)Tx,sizeof(Tx));
        //开始读取烟雾传感器数据
        while(1) {
            if(USART3_RX_LEN == 7) break;
            //接收烟雾传感器数据
        }
        if(USART3_RX_BUF[4]==0x00) {
        //返回数据为正常状态
            printf("The place is normal!\n");
            smoke_result=0;
        }
        else if(USART3_RX_BUF[4]==0x01){
        //返回数据为异常状态
            printf("There is smoke in this place! Warning!\n");
            smoke_result=1;
        }
    }
    if(smoke_result==1) buzzer_output=1;        //开启蜂鸣器
    return smoke_result;
}
```

在串口上查看烟感状态数据，如图 7-30 所示。

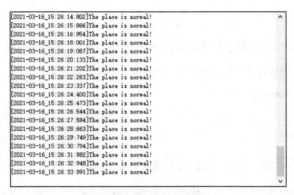

图 7-30　烟感状态数据

8. 蜂鸣器模块设计

蜂鸣器是用来提示消防设备出现故障的装置。本系统采用 MLT-8530 蜂鸣器，该蜂鸣器为贴片蜂鸣器，无源、电磁式 8.5 mm×8.5 mm×3 mm、贴片喇叭、侧发声，适用于无线充电器、移动电源、智能硬件等各种需要小型蜂鸣器的场合。MLT-8530 蜂鸣器实物如图 7-31 所示。

图 7-31　MLT-8530 蜂鸣器实物

MLT-8530 蜂鸣器主要性能参数如表 7-8 所示。

表 7-8　MLT-8530 蜂鸣器主要性能参数

工作电压 / V	谐振频率/Hz	工作温度/℃
2.5～4.5	4 000	−20～+70

（1）蜂鸣器引脚配置

系统中 MLT-8530 蜂鸣器通过主控芯片 STM32L431RCT6 的 I/O 口 PB8 连接，主控芯片以 PWM 的方式驱动蜂鸣器。TIM16 参数设置如图 7-32 所示。

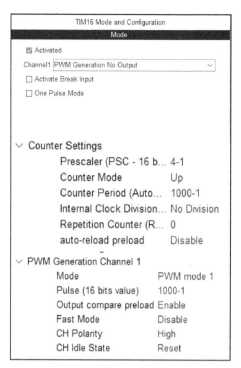

图 7-32　TIM16 参数设置

（2）蜂鸣器控制

当云平台对蜂鸣器写入开启命令时，开启蜂鸣器；当写入关闭命令时，关闭蜂鸣器。

```
if(strstr(receive1,"5850")){//响应平台写入命令更改蜂鸣器值
        for(int i=0;;i++) {
        if(receive1[i]==',') num++;
        if(num==5&&receive1[i+2]=='1'){
            buzzer_output=1;
            break;
        }
        else if(num==5&&receive1[i+2]=='0'){
            buzzer_output=0;
            break;
        }
    }
    memset(cmdSend, 0, sizeof(cmdSend));
```

```
            strcat(cmdSend,"AT+MIPLWRITERSP=");
            strcat(cmdSend,msg_Ref_ID);
            strcat(cmdSend,",");
            strcat(cmdSend,rmsg_ID);
            strcat(cmdSend,",2\r\n");
            memset(LPUART1_RX_BUF, 0, strlen((const char *) LPUART1_RX_BUF));
            //清除缓存
            LPUART1_RX_LEN = 0;
            NB_SendCmd((uint8_t *) cmdSend, (uint8_t *) "OK", DefaultTimeout, isPrintf);
            //回复平台确认
            NB_SendMsgToOnenet(3338,5850);//更改内容上报云平台
        }
if(level_result>level_warn) buzzer_output=1;//当液位超出警告值时开启蜂鸣器
if(pressure_result>pressure_warn) buzzer_output=1;//当液压超出警告值时开启蜂鸣器
if(smoke_result==1) buzzer_output=1;//当烟雾为警告状态时开启蜂鸣器
if(water_result==1) buzzer_output=1;//当水浸为警告状态时开启蜂鸣器
void buzzer_alarm(int output) {//开启和关闭蜂鸣器
    if (output==1) {
        HAL_TIM_PWM_Start(&htim16,TIM_CHANNEL_1);
    }
    else{
        HAL_TIM_PWM_Stop(&htim16,TIM_CHANNEL_1);
    }
}
```

7.3.4　管道传输设计

　　NB-IoT 模组初始化和 AT 指令发送函数设计请参考 4.4.1 节。为了使终端
与中国移动 OneNET 云平台进行对接，NB-IoT 模组需基于 LwM2M 和 OneNET
云平台特定协议进行数据传输。

1. NB-IoT 模块创建连接对象

　　NB 入网初始化完成后，便可开始与 OneNET 平台连接，通过命令
AT+MIPLCREATE 创建通信实例；通过命令 AT+MIPLADDOBJ 添加传感器对
象，各传感器或蜂鸣器对应的对象 ID 和包含属性 ID 如表 7-9 所示。

表 7-9　各传感器或蜂鸣器对应的对象 ID 和包含属性 ID

对象 ID	属性 ID	属性单位	意义	运行方式
3300（液位传感器）	5700	Float	传感器值	R
	5701	String	传感器单元	R
	5603	Float	最小范围值	R
	5604	Float	最大范围值	R
	5750	String	应用类型	RW
3323（液压传感器）	5700	Float	传感器值	R
	5701	String	传感器单元	R
	5603	Float	最小范围值	R
	5604	Float	最大范围值	R
	5750	String	应用类型	RW
3338（蜂鸣器）	5850	Boolean	开/关	RW
	5750	String	应用类型	RW
3342（烟雾传感器）	5500	Boolean	数字输入状态	R
	5750	String	应用类型	RW
3347（水浸传感器）	5500	Boolean	数字输出状态	R
	5750	String	应用类型	RW

注：R 和 W 分别表示在平台上可对该属性进行读或写操作。

向 NB 模组发送创建对应的传感器或蜂鸣器对象命令如表 7-10 所示。

表 7-10　创建对象命令

对象类型	创建对象命令
液位传感器	AT+MIPLADDOBJ=0,3300,1,"1",5,1
液压传感器	AT+MIPLADDOBJ=0,3321,1,"1",5,1
蜂鸣器	AT+MIPLADDOBJ=0,3338,1,"1",2,1
烟雾传感器	AT+MIPLADDOBJ=0,3347,1,"1",2,1
水浸传感器	AT+MIPLADDOBJ=0,3347,1,"1",2,1

根据主控芯片连接的传感器和蜂鸣器来发送对应的创建对象命令来创建对象，创建对象之后，发送 "AT+MIPLOPEN=0,3600,30" 连接 OneNET 云平台 LwM2M 服务器，然后等待接收云平台下发 "+MIPLDISCOVER: 0, <msgID>, <objID>"，其中，"<msgID>" 表示消息 ID，"<objID>" 表示从 OneNET 接收的资源发现请求的对象 ID，接收到下发命令之后，响应资源发

送命令如表 7-11 所示。

表 7-11　响应资源发送命令

对象类型	对象 ID	响应资源发现命令
液位传感器	3300	AT+MIPLDISCOVERRSP=0, msgID,3300,1,24,"5700;5701;5603;5604;5750"
液压传感器	3323	AT+MIPLDISCOVERRSP=0, msgID,3323,1,24,"5700;5701;5603;5604;5750"
蜂鸣器	3338	AT+MIPLDISCOVERRSP=0,msgID,3338,1,9," 5850;5750"
烟雾传感器	3342	AT+MIPLDISCOVERRSP=0,msgID,3342,1,9," 5850;5750"
水浸传感器	3347	AT+MIPLDISCOVERRSP=0,msgID,3347,1,9," 5850;5750"

　　模组响应 OneNET 发送的资源发现命令后，便成功连接上 OneNET 云平台 LwM2M 服务器。BC35-G 模组与 OneNET 建立通信的流程如图 7-33 所示。

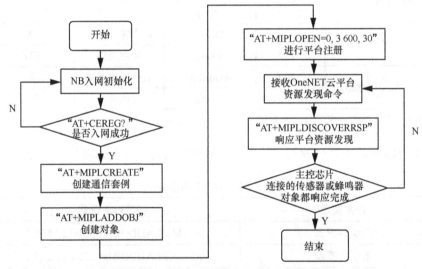

图 7-33　BC35-G 模组与 OneNET 建立通信的流程

2. LwM2M 通信协议实现消息发布上传设计

　　实现终端设备与 OneNET 云平台之间的通信，需要用到通信协议，因此通信协议的选择十分重要，本系统选择 LwM2M 协议作为终端设备与 OneNET 云平台的通信协议，这是因为 LwM2M 协议对数据实时性要求不高，并且能向设备下发命令，能支持大量并发数据传输，功耗和成本低，非常适合本系统的设计需求。本系统 LwM2M 协议中消息发布上传是建立在 NB-IoT BC35-G 模组成功与 OneNET 云平台 LwM2M 服务器建立连接的基础上的（如何连接请参考 5.3.1 节 NB-IoT 模块入网设计），建立连接之后，便可以根据 "AT+MIPLNOTIFY" 命令来上报数据，各传感器和蜂鸣器对应属性上报命令如表 7-12 所示。

表 7-12　各传感器和蜂鸣器对应属性上报命令

对象 ID	属性 ID	上报命令
3300（液位）	5700	AT+MIPLNOTIFY=0,0,3300,0,5700,4,4,液位值,0,0
	5701	AT+MIPLNOTIFY=0,0,3300,0,5701,1,2,"传感器单位",0,0
	5603	AT+MIPLNOTIFY=0,0,3300,0,5603,4,4,最小值,0,0
	5604	AT+MIPLNOTIFY=0,0,3300,0,5604,4,4,最大值,0,0
	5750	AT+MIPLNOTIFY=0,0,3300,0,5750,1, 数据长度,"传感器名字",0,0
3323（液压）	5700	AT+MIPLNOTIFY=0,0,3323,0,5700,4,4,液压值,0,0
	5701	AT+MIPLNOTIFY=0,0,3323,0,5701,1,2,"传感器单位",0,0
	5603	AT+MIPLNOTIFY=0,0,3323,0,5603,4,4,最小值,0,0
	5604	AT+MIPLNOTIFY=0,0,3323,0,5604,4,4,最大值,0,0
	5750	AT+MIPLNOTIFY=0,0,3323,0,5750,1, 数据长度,"传感器名字",0,0
3338（蜂鸣器）	5850	AT+MIPLNOTIFY=0,0,3338,0, 5850,5,1, 蜂鸣器状态（0 关闭,1 开启）,0,0
	5750	AT+MIPLNOTIFY=0,0,3339,0,5750,1, 数据长度,"传感器名字",0,0
3342（烟雾）	5500	AT+MIPLNOTIFY=0,0,3342,0, 5500,5,1, 烟雾报警状态（0 正常,1 异常报警）,0,0
	5750	AT+MIPLNOTIFY=0,0,3342,0,5750,1, 数据长度,"传感器名字",0,0
3347（水浸）	5500	AT+MIPLNOTIFY=0,0,3347,0, 5500,5,1, 水浸状态（0 正常,1 异常报警）,0,0
	5750	AT+MIPLNOTIFY=0,0,3347,0,5750,1, 数据长度,"传感器名字",0,0

终端向 OneNET 云平台发布消息关键代码如下。

```
/*************************************************************

* 函数名称: NB_SendMsgToOnenet

* 说　　明: NB 将属性值发送到 OneNET

* 参　　数: exnum,对象

　　　　 num,实例的属性

* 返 回 值: 无

*************************************************************/
```

```
void NB_SendMsgToOnenet (int exnum,int num) {
    NB_ReceiveLwM2MMsg();
    char msg_Ref_ID[3]={0};
    DecToString(Ref_ID, msg_Ref_ID);
    float level_output,pressure_output;
    int smoke_output,water_output;
    int level_len,pressure_len,buzzer_len,smoke_len,water_len;//应用字段长度
    char level_Len[3]={0};
    char pressure_Len[3]={0};
    char buzzer_Len[3]={0};
    char smoke_Len[3]={0};
    char water_Len[3]={0};
    char strff[5];
    memset(cmdSend, 0, sizeof(cmdSend));
    if(exnum==3300) {
        strcat(cmdSend,"AT+MIPLNOTIFY=");
        strcat(cmdSend,msg_Ref_ID);
        strcat(cmdSend,",0,3300,0,");
        switch(num){
            case 5700:
                level_output=Read_Level_Output()/10;
                //level_output=rand()%100;
                sprintf(strff,"%.1f",level_output);
                strcat(cmdSend,"5700,4,4,");
                strcat(cmdSend,strff);
                strcat(cmdSend,",0,0\r\n");
                //上报液位传感器数值
                break;
            case 5701:
                strcat(cmdSend,"5701,1,2,\"CM\",0,0\r\n");
                //上报液位传感器单位
                break;
            case 5603:
```

```
                strcat(cmdSend,"5603,4,4,0,0,0\r\n");
                //上报液位传感器最小值
                break;
        case 5604:
                strcat(cmdSend,"5604,4,4,100,0,0\r\n");
                //上报液位传感器最大值
                break;
        case 5750:
                level_len=strlen(apptype_level);
                DecToString(level_len,level_Len);
                strcat(cmdSend,"5750,1,");
                strcat(cmdSend,level_Len);
                strcat(cmdSend,",\"");
                strcat(cmdSend,apptype_level);
                strcat(cmdSend,"\",0,0\r\n");
                //上报液位传感器应用字段
                break;
        default:
                break;
    }
}
if(exnum==3323) {
    strcat(cmdSend,"AT+MIPLNOTIFY=");
    strcat(cmdSend,msg_Ref_ID);
    strcat(cmdSend,",0,3323,0,");
    switch(num){
        case 5700:
                pressure_output=Read_Pressure_Output()*2.5/2000;
                //pressure_output=rand()%25/10;
                sprintf(strff,"%f",pressure_output);
                strcat(cmdSend,"5700,4,4,");
                strcat(cmdSend,strff);
                strcat(cmdSend,",0,0\r\n");
```

```
                    break;
                    //上报液压传感器数值
            case 5701:
                    strcat(cmdSend,"5701,1,3,\"MPa\",0,0\r\n");
                    break;
                    //上报液压传感器单位
            case 5603:
                    strcat(cmdSend,"5603,4,4,0,0,0\r\n");
                    break;
                    //上报液压传感器最小值
            case 5604:
                    strcat(cmdSend,"5604,4,4,2.5,0,0\r\n");
                    break;
                    //上报液压传感器最大值
            case 5750:
                    pressure_len=strlen(apptype_pressure);
                    DecToString(pressure_len,pressure_Len);
                    strcat(cmdSend,"5750,1,");
                    strcat(cmdSend,pressure_Len);
                    strcat(cmdSend,",\"");
                    strcat(cmdSend,apptype_pressure);
                    strcat(cmdSend,"\",0,0\r\n");
                    break;
                    //上报液压传感器应用字段
            default:
                    break;
        }
    }
    if(exnum==3338) {
        strcat(cmdSend,"AT+MIPLNOTIFY=");
        strcat(cmdSend,msg_Ref_ID);
        strcat(cmdSend,",0,3338,0,");
        switch(num) {
```

```
        case 5850:
            if(buzzer_output==0)
                strcat(cmdSend,"5850,5,1,0,0,0\r\n");
            else
                strcat(cmdSend,"5850,5,1,1,0,0\r\n");
            break;
            //上报蜂鸣器数值
        case 5750:
            buzzer_len=strlen(apptype_buzzer);
            DecToString(buzzer_len,buzzer_Len);
            strcat(cmdSend,"5750,1,");
            strcat(cmdSend,buzzer_Len);
            strcat(cmdSend,",\"");
            strcat(cmdSend,apptype_buzzer);
            strcat(cmdSend,"\",0,0\r\n");
            break;
            //上报蜂鸣器应用字段
    default:
        break;
    }
}
if(exnum==3342) {
    strcat(cmdSend,"AT+MIPLNOTIFY=");
    strcat(cmdSend,msg_Ref_ID);
    strcat(cmdSend,",0,3342,0,");
    switch(num) {
    case 5500:
        smoke_output==Read_Smoke_Output();
        //smoke_output=rand()%2;
        if(smoke_output==0)
            strcat(cmdSend,"5500,5,1,0,0,0\r\n");
        else
            strcat(cmdSend,"5500,5,1,1,0,0\r\n");
```

```
            break;
            //上报烟雾传感器数值
    case 5750:
            smoke_len=strlen(apptype_smoke);
            DecToString(smoke_len,smoke_Len);
            strcat(cmdSend,"5750,1,");
            strcat(cmdSend,smoke_Len);
            strcat(cmdSend,",\"");
            strcat(cmdSend,apptype_smoke);
            strcat(cmdSend,"\",0,0\r\n");
            break;
            //上报烟雾传感器应用字段
    default:
            break;
    }
}
if(exnum==3347) {
    strcat(cmdSend,"AT+MIPLNOTIFY=");
    strcat(cmdSend,msg_Ref_ID);
    strcat(cmdSend,",0,3347,0,");
    switch(num) {
    case 5500:
            water_output=Read_Water_Output();
            //water_output=rand()%2;
            if(water_output==0)
                strcat(cmdSend,"5500,5,1,0,0,0\r\n");
            else strcat(cmdSend,"5500,5,1,1,0,0\r\n");
            break;
            //上报水浸传感器数值
    case 5750:
            water_len=strlen(apptype_water);
            DecToString(water_len,water_Len);
            strcat(cmdSend,"5750,1,");
```

```
        strcat(cmdSend,water_Len);
        strcat(cmdSend,",\"");
        strcat(cmdSend,apptype_water);
        strcat(cmdSend,"\",0,0\r\n");
        break;
        //上报水浸传感器应用字段
    default:
        break;
    }
}
NB_SendCmd((uint8_t *) cmdSend, (uint8_t *) "OK", DefaultTimeout, isPrintf);
}
/***************************************************************
* 函数名称: NB_ReceiveLwM2MMsg
* 说    明: NB 从 OneNET 接收命令
* 参    数: 无
* 返 回 值: SUCCESS，接收成功
           ERROR，接收失败或无接收数据
***************************************************************/
uint8_t NB_ReceiveLwM2MMsg(){
    char *pos1,*pos2;
    char receive[50],receive1[50];
    char rmsg_ID[6]={0};
    pos1 = strstr((char *) LPUART1_RX_BUF, "+MIPLREAD:");
    pos2 = strstr((char *) LPUART1_RX_BUF, "+MIPLWRITE:");
    if (pos1) {//接收到 OneNET 平台下发的读命令
        HAL_Delay(500);
        printf("NB-->>MCU: %s\r\n", LPUART1_RX_BUF);
        char *pos;
        pos=strstr((char *) LPUART1_RX_BUF,",");
        memset(receive,0,sizeof(receive));
        strcpy((char *) receive,(char *)pos + 1);
        printf("re:%s\n",receive);
```

```
memset(rmsg_ID,0,sizeof(rmsg_ID));
for(int i=0;;i++){
    if(receive[i]==',') break;
    else rmsg_ID[i]=receive[i];
}
pos=strstr((char *)receive,",");
strcpy((char *) receive1,(char *)pos + 1);
if(strstr((const char*) receive1,"3300")) {//液位传感器响应读命令
    if(strstr((const char*) receive1,"5700"))
        NB_RSendMsgToOnenet(rmsg_ID,3300,5700);
    else if(strstr((const char*) receive1,"5701"))
        NB_RSendMsgToOnenet(rmsg_ID,3300,5701);
    else if(strstr((const char*) receive1,"5603"))
        NB_RSendMsgToOnenet(rmsg_ID,3300,5603);
    else if(strstr((const char*) receive1,"5604"))
        NB_RSendMsgToOnenet(rmsg_ID,3300,5604);
    else if(strstr((const char*) receive1,"5750"))
        NB_RSendMsgToOnenet(rmsg_ID,3300,5750);
}
else if(strstr((const char*) receive1,"3323")) {//液压传感器响应读命令
    if(strstr((const char*) receive1,"5700"))
        NB_RSendMsgToOnenet(rmsg_ID,3323,5700);
    else if(strstr((const char*) receive1,"5701"))
        NB_RSendMsgToOnenet(rmsg_ID,3323,5701);
    else if(strstr((const char*) receive1,"5603"))
        NB_RSendMsgToOnenet(rmsg_ID,3323,5603);
    else if(strstr((const char*) receive1,"5604"))
        NB_RSendMsgToOnenet(rmsg_ID,3323,5604);
    else if(strstr((const char*) receive1,"5750"))
        NB_RSendMsgToOnenet(rmsg_ID,3323,5750);
}
else if(strstr((const char*) receive1,"3338")) {//蜂鸣器响应读命令
    if(strstr((const char*) receive1,"5850"))
```

```
                    NB_RSendMsgToOnenet(rmsg_ID,3338,5850);
                else if(strstr((const char*) receive1,"5750"))
                    NB_RSendMsgToOnenet(rmsg_ID,3338,5750);
            }
        else if(strstr((const char*) receive1,"3342")) {//烟雾传感器响应读命令
            if(strstr((const char*) receive1,"5500"))
                NB_RSendMsgToOnenet(rmsg_ID,3342,5500);
            else if(strstr((const char*) receive1,"5750"))
                NB_RSendMsgToOnenet(rmsg_ID,3342,5750);
        }
        else {//水浸传感器响应读命令
            if(strstr((const char*) receive1,"5500"))
                NB_RSendMsgToOnenet(rmsg_ID,3347,5500);
            else if(strstr((const char*) receive1,"5750"))
                NB_RSendMsgToOnenet(rmsg_ID,3347,5750);
        }
        return SUCCESS;
}
else if(pos2) {//响应 OneNET 平台下发的写命令
    HAL_Delay(500);
    printf("NB-->>MCU: %s\r\n", LPUART1_RX_BUF);
    char msg_Ref_ID[3]={0};
    char RWrite[100];
    int Wnum,num;
    char *pos;
    Wnum=0;
    num=0;
    DecToString(Ref_ID, msg_Ref_ID);
    pos=strstr((char *) LPUART1_RX_BUF,",");
    memset(receive,0,sizeof(receive));
    strcpy((char *) receive,(char *)pos + 1);
    printf("re:%s\n",receive);
    memset(rmsg_ID,0,sizeof(rmsg_ID));
```

```
        for(int i=0;;i++) {
            if(receive[i]==',') break;
            else rmsg_ID[i]=receive[i];
        }
        pos=strstr((char *)receive,",");
        strcpy((char *) receive1,(char *)pos + 1);
        printf("rmgsID:%s\n",rmsg_ID);
        printf("r1:%s\n",receive1);
        if(strstr(receive1,"5750")) {//响应写应用字段
            for(int i=0;;i++) {
                if(receive1[i]==',') num++;
                else if(num==5)
                    RWrite[Wnum++]=receive1[i];
                else if(num>5) break;
            }
        if(strstr(receive1,"3300")){//液位传感器应用字段响应更改
            memset(apptype_level,0,sizeof(apptype_level));
            HexStrToByte(RWrite,apptype_level,Wnum);
            printf("apptype_level:%s\n",apptype_level);
            memset(cmdSend, 0, sizeof(cmdSend));
            strcat(cmdSend,"AT+MIPLWRITERSP=");
            strcat(cmdSend,msg_Ref_ID);
            strcat(cmdSend,",");
            strcat(cmdSend,rmsg_ID);
            strcat(cmdSend,",2\r\n");
            memset(LPUART1_RX_BUF, 0, strlen((const char *) LPUART1_
            RX_BUF)); //清除缓存
            LPUART1_RX_LEN = 0;
            NB_SendCmd((uint8_t *) cmdSend, (uint8_t *) "OK", DefaultTimeout,
            isPrintf);
            //回复平台确认
            NB_SendMsgToOnenet(3300,5750);//更改内容上报云平台
        }
```

```
else if(strstr(receive1,"3323")){//液压传感器应用字段响应更改
    memset(apptype_pressure,0,sizeof(apptype_pressure));
    HexStrToByte(RWrite,apptype_pressure,Wnum);
    printf("apptype_pressure:%s\n",apptype_pressure);
    memset(cmdSend, 0, sizeof(cmdSend));
    strcat(cmdSend,"AT+MIPLWRITERSP=");
    strcat(cmdSend,msg_Ref_ID);
    strcat(cmdSend,",");
    strcat(cmdSend,rmsg_ID);
    strcat(cmdSend,",2\r\n");
    memset(LPUART1_RX_BUF, 0, strlen((const char *) LPUART1_
RX_BUF));//清除缓存
    LPUART1_RX_LEN = 0;
    NB_SendCmd((uint8_t *) cmdSend, (uint8_t *) "OK", DefaultTimeout,
isPrintf);
    //回复平台确认
    NB_SendMsgToOnenet(3323,5750);//更改内容上报云平台
}
else if(strstr(receive1,"3338")){//蜂鸣器应用字段响应更改
    memset(apptype_buzzer,0,sizeof(apptype_buzzer));
    HexStrToByte(RWrite,apptype_buzzer,Wnum);
    printf("apptype_buzzer:%s\n",apptype_buzzer);
    memset(cmdSend, 0, sizeof(cmdSend));
    strcat(cmdSend,"AT+MIPLWRITERSP=");
    strcat(cmdSend,msg_Ref_ID);
    strcat(cmdSend,",");
    strcat(cmdSend,rmsg_ID);
    strcat(cmdSend,",2\r\n");
    memset(LPUART1_RX_BUF, 0, strlen((const char *) LPUART1_
RX_BUF));//清除缓存
    LPUART1_RX_LEN = 0;
    NB_SendCmd((uint8_t *) cmdSend, (uint8_t *) "OK", DefaultTimeout,
isPrintf);
```

```
                    //回复平台确认
                    NB_SendMsgToOnenet(3338,5750);//更改内容上报云平台
        }
        else if(strstr(receive1,"3342")){//烟雾传感器应用字段响应更改
                memset(apptype_smoke,0,sizeof(apptype_smoke));
                HexStrToByte(RWrite,apptype_smoke,Wnum);
                printf("apptype_smoke:%s\n",apptype_smoke);
                memset(cmdSend, 0, sizeof(cmdSend));
                strcat(cmdSend,"AT+MIPLWRITERSP=");
                strcat(cmdSend,msg_Ref_ID);
                strcat(cmdSend,",");
                strcat(cmdSend,rmsg_ID);
                strcat(cmdSend,",2\r\n");
                memset(LPUART1_RX_BUF, 0, strlen((const char *) LPUART1_
                RX_BUF));//清除缓存
                LPUART1_RX_LEN = 0;
                NB_SendCmd((uint8_t *) cmdSend, (uint8_t *) "OK", DefaultTimeout,
                isPrintf);
                //回复平台确认
                NB_SendMsgToOnenet(3342,5750);//更改内容上报云平台
        }
        else {//水浸传感器应用字段响应更改
                memset(apptype_water,0,sizeof(apptype_water));
                HexStrToByte(RWrite,apptype_water,Wnum);
                printf("apptype_water:%s\n",apptype_water);
                memset(cmdSend, 0, sizeof(cmdSend));
                strcat(cmdSend,"AT+MIPLWRITERSP=");
                strcat(cmdSend,msg_Ref_ID);
                strcat(cmdSend,",");
                strcat(cmdSend,rmsg_ID);
                strcat(cmdSend,",2\r\n");
                memset(LPUART1_RX_BUF, 0, strlen((const char *) LPUART1_
                RX_BUF));//清除缓存
```

```
            LPUART1_RX_LEN = 0;
            NB_SendCmd((uint8_t *) cmdSend, (uint8_t *) "OK", DefaultTimeout,
            isPrintf);
            //回复平台确认
            NB_SendMsgToOnenet(3347,5750);//更改内容上报云平台
        }
    }
    if(strstr(receive1,"5850")){//响应平台写命令更改蜂鸣器值
        for(int i=0;;i++) {
            if(receive1[i]==',') num++;
            if(num==5&&receive1[i+2]=='1'){
                buzzer_output=1;
                break;
            }
            else if(num==5&&receive1[i+2]=='0'){
                buzzer_output=0;
                break;
            }
        }
        memset(cmdSend, 0, sizeof(cmdSend));
        strcat(cmdSend,"AT+MIPLWRITERSP=");
        strcat(cmdSend,msg_Ref_ID);
        strcat(cmdSend,",");
        strcat(cmdSend,rmsg_ID);
        strcat(cmdSend,",2\r\n");
        memset(LPUART1_RX_BUF, 0, strlen((const char *) LPUART1_RX_
        BUF));//清除缓存
        LPUART1_RX_LEN = 0;
        NB_SendCmd((uint8_t *) cmdSend, (uint8_t *) "OK", DefaultTimeout,
        isPrintf);
        //回复平台确认
        NB_SendMsgToOnenet(3338,5850);//更改内容上报云平台
    }
```

```
            return SUCCESS;
        }
        return ERROR;
    }
```

系统中的数据要定时上传更新，因为 LwM2M 机制中如果 OneNET 云平台长时间没有接收终端设备消息，便会断开连接，因此设定终端数据每隔 10 s 采集并上报数据至 OneNET 云平台，这是靠中断定时器来实现的，其程序代码如下。

```
void HAL_TIM_PeriodElapsedCallback(TIM_HandleTypeDef *htim){
    if (htim->Instance == htim2.Instance) {
        sendflag=1;              //10 s 到将发送标志置 1
        buzzer_output=0;        //关闭蜂鸣器
    }
}
```

主程序 main()中的 while(1)程序代码如下。

```
while (1){
    buzzer_alarm(buzzer_output);//buzzer_output 为 0 则关闭蜂鸣器，为 1 则开启蜂鸣器
    if(nb_protocol == LwM2M_ONENET)        //接收 OneNET 云平台下发命令
        NB_ReceiveLwM2MMsg();
    if(sendflag==1) { //每隔 10 s 上报数据至云平台
        if(level>1)   NB_SendMsgToOnenet(3300,5700);      //上报液位值
        if(pressure>1)  NB_SendMsgToOnenet(3323,5700);    //上报液压值
        if(buzzer>1) NB_SendMsgToOnenet(3338,5850);       //上报蜂鸣器状态
        if(smoke>1)   NB_SendMsgToOnenet(3342,5500);      //上报烟雾报警状态
        if(water>1)   NB_SendMsgToOnenet(3347,5500);      //上报水浸状态
        sendflag=0;                                        //发送标志置 0
    }
}
```

3. LwM2M 通信协议实现命令下发设计

OneNET 云平台有时候需要对终端设备进行数据读写或者控制，终端设备要能及时接收命令并进行相应的操作，基于本系统的要求，只需终端设备实现接收 OneNET 云平台下发的读或写命令即可，OneNET 云平台对传感器只有读权利，对蜂鸣器既有读权利又有写权利，读命令含义和响应读命令分别如表 7-13 和表 7-14 所示。

表 7-13　读命令含义

命令格式	参数名称	参数含义
+MIPLREAD: <ref>,<msgID>, <objID>,<insID>, <resID>	<ref>	OneNET 通信套件实例 ID
	<msgID>	消息 ID
	<objID>	从 OneNET 平台或应用程序服务器接收的对象 ID
	<insID>	从 OneNET 平台或应用程序服务器接收的实例 ID
	<resID>	从 OneNET 平台或应用程序服务器接收的属性 ID

表 7-14　响应读命令

接收对象 ID	接收属性 ID	响应读命令
3300 （液位传感器）	5700	AT+MIPLREADRSP=0,msgID,3300,0,5700,4,4,液位值,0,0
	5701	AT+MIPLREADRSP=0,msgID,3300,0,5701,1,2,"传感器单位",0,0
	5603	AT+MIPLREADRSP=0,msgID,3300,0,5603,4,4,最小值,0,0
	5604	AT+MIPLREADRSP=0,msgID,3300,0,5604,4,4,最大值,0,0
	5750	AT+MIPLREADRSP=0,msgID,3300,0,5750,1,数据长度,"传感器名字",0,0
3323 （液压传感器）	5700	AT+MIPLREADRSP=0,msgID,3323,0,5700,4,4,液压值,0,0
	5701	AT+MIPLREADRSP=0,msgID,3323,0,5701,1,2,"传感器单位",0,0
	5603	AT+MIPLREADRSP=0,msgID,3323,0,5603,4,4,最小值,0,0
	5604	AT+MIPLREADRSP=0,msgID,3323,0,5604,4,4,最大值,0,0
	5750	AT+MIPLREADRSP=0,msgID,3323,0,5750,1,数据长度,"传感器名字",0,0
3338 （蜂鸣器）	5850	AT+MIPLREADRSP=0,msgID,3338,0,5850,5,1,蜂鸣器状态（0 关闭，1 开启）,0,0
	5750	AT+MIPLREADRSP=0,msgID,3339,0,5750,1,数据长度,"传感器名字",0,0
3342 （烟雾传感器）	5500	AT+MIPLREADRSP=0,msgID,3342,0,5500,5,1,烟雾报警状态（0 正常，1 异常报警）,0,0
	5750	AT+MIPLREADRSP=0,msgID,3342,0,5750,1,数据长度,"传感器名字",0,0
3347 （水浸传感器）	5500	AT+MIPLREADRSP=0,msgID,3347,0,5500,5,1,水浸状态（0 正常，1 异常报警）,0,0
	5750	AT+MIPLREADRSP =0,msgID,3347,0,5750,1,数据长度,"传感器名字",0,0

当 NB-IoT BC35-G 模组接收到读命令时，需要采集对应数据然后发送响应读命令给 OneNET 云平台，云平台便可以更新数据；当 NB-IoT BC35-G 模组接

收到蜂鸣器写命令时，需要先发送"AT+MIPLWRITERSP=0,msgID,2"给云平台表示确认收到，然后进行数据上报更新内容。

响应读写命令代码如下。

```
/************************************************************
 * 函数名称: NB_RSendMsgToOneNET
 * 说    明: NB 接收到读命令将属性值发送到 OneNET
 * 参    数: rmsg_ID，从上位机接收到的消息序列号
           exnum,对象
           num,实例的属性
 * 返 回 值:无
 ************************************************************/
void NB_RSendMsgToOnenet(char *rmsg_ID,int exnum,int num) {
    char msg_Ref_ID[3]={0};
    DecToString(Ref_ID, msg_Ref_ID);
    float level_output,pressure_output;
    int smoke_output,water_output;
    int level_len,pressure_len,buzzer_len,smoke_len,water_len;//应用字段长度
    char level_Len[3]={0};
    char pressure_Len[3]={0};
    char buzzer_Len[3]={0};
    char smoke_Len[3]={0};
    char water_Len[3]={0};
    char strff[5];
    memset(cmdSend, 0, sizeof(cmdSend));
    strcat(cmdSend,"AT+MIPLREADRSP=");
    strcat(cmdSend,msg_Ref_ID);
    strcat(cmdSend,",");
    strcat(cmdSend,rmsg_ID);
    if(exnum==3300) {    //液位传感器回复
        strcat(cmdSend,",1,3300,0,");
        switch(num){
            case 5700:
                level_output=Read_Level_Output()/10;
```

```
                //level_output=rand()%100;
                sprintf(strff,"%.1f",level_output);
                strcat(cmdSend,"5700,4,4,");
                strcat(cmdSend,strff);
                strcat(cmdSend,",0,0\r\n");
                break;
            case 5701:
                strcat(cmdSend,"5701,1,2,\"CM\",0,0\r\n");
                break;
            case 5603:
                strcat(cmdSend,"5603,4,4,0,0,0\r\n");
                break;
            case 5604:
                strcat(cmdSend,"5604,4,4,100,0,0\r\n");
                break;
            case 5750:
                level_len=strlen(apptype_level);
                DecToString(level_len,level_Len);
                strcat(cmdSend,"5750,1,");
                strcat(cmdSend,level_Len);
                strcat(cmdSend,",\"");
                strcat(cmdSend,apptype_level);
                strcat(cmdSend,"\",0,0\r\n");
                break;
            default:
                break;
        }
    }
if(exnum==3323) { //液压传感器回复
        strcat(cmdSend,",1,3323,0,");
        switch(num){
            case 5700:
                pressure_output=Read_Pressure_Output()*2.5/2000;
```

```
                //pressure_output=rand()%100;
                sprintf(strff,"%.f",pressure_output);
                strcat(cmdSend,"5700,4,4,");
                strcat(cmdSend,strff);
                strcat(cmdSend,",0,0\r\n");
                break;
            case 5701:
                strcat(cmdSend,"5701,1,3,\"MPa\",0,0\r\n");
                break;
            case 5603:
                strcat(cmdSend,"5603,4,4,0,0,0\r\n");
                break;
            case 5604:
                strcat(cmdSend,"5604,4,4,100,0,0\r\n");
                break;
            case 5750:
                pressure_len=strlen(apptype_pressure);
                DecToString(pressure_len,pressure_Len);
                strcat(cmdSend,"5750,1,");
                strcat(cmdSend,pressure_Len);
                strcat(cmdSend,",\"");
                strcat(cmdSend,apptype_pressure);
                strcat(cmdSend,"\",0,0\r\n");
                break;
            default:
                break;
        }
    }
    if(exnum==3338) { //蜂鸣器回复
        strcat(cmdSend,",1,3338,0,");
        switch(num) {
        case 5850:
            if(buzzer_output==0)
```

```
            strcat(cmdSend,"5850,5,1,0,0,0\r\n");
        else strcat(cmdSend,"5850,5,1,1,0,0\r\n");
        break;
    case 5750:
        buzzer_len=strlen(apptype_buzzer);
        DecToString(buzzer_len,buzzer_Len);
        strcat(cmdSend,"5750,1,");
        strcat(cmdSend,buzzer_Len);
        strcat(cmdSend,",\"");
        strcat(cmdSend,apptype_buzzer);
        strcat(cmdSend,"\",0,0\r\n");
        break;
    default:
        break;
    }
}
if(exnum==3342) {    //烟雾传感器回复
    strcat(cmdSend,",1,3342,0,");
    switch(num) {
    case 5500:
        smoke_output=Read_Smoke_Output();
        //smoke_output=rand()%2;
        if(smoke_output==0)
            strcat(cmdSend,"5500,5,1,0,0,0\r\n");
        else strcat(cmdSend,"5500,5,1,1,0,0\r\n");
        break;
    case 5750:
        smoke_len=strlen(apptype_smoke);
        DecToString(smoke_len,smoke_Len);
        strcat(cmdSend,"5750,1,");
        strcat(cmdSend,smoke_Len);
        strcat(cmdSend,",\"");
        strcat(cmdSend,apptype_smoke);
```

```
                strcat(cmdSend,"\",0,0\r\n");
            break;
        default:
            break;
        }
    }
    if(exnum==3347) {    //水浸传感器回复
        strcat(cmdSend,",1,3347,0,");
        switch(num) {
        case 5500:
            water_output=Read_Water_Output();
            //water_output=rand()%2;
            if(water_output==0)
                strcat(cmdSend,"5500,5,1,0,0,0\r\n");
            else strcat(cmdSend,"5500,5,1,1,0,0\r\n");
            break;
        case 5750:
            water_len=strlen(apptype_water);
            DecToString(water_len,water_Len);
            strcat(cmdSend,"5750,1,");
            strcat(cmdSend,water_Len);
            strcat(cmdSend,",\"");
            strcat(cmdSend,apptype_water);
            strcat(cmdSend,"\",0,0\r\n");
            break;
        default:
            break;
        }
    }
    memset(LPUART1_RX_BUF, 0, strlen((const char *) LPUART1_RX_BUF));//清除
缓存
    LPUART1_RX_LEN = 0;
    NB_SendCmd((uint8_t *) cmdSend, (uint8_t *) "OK", DefaultTimeout, isPrintf);
}
```

7.3.5　基于中国移动 OneNET 云平台设计

1. 产品创建

本系统设计的消防设备巡检系统由系统的终端设备和 OneNET 云平台组成。OneNET 云平台作为数据存储和展示的中心，对整个系统的终端设备监控起到了关键作用。在 OneNET 云平台建立之前，需要创建设计的产品，首先要在中国移动 OneNET 云平台官网注册一个账号，在填写相关信息并注册成功之后，登录官网主页，然后点击右上角的控制台进入控制台页面，找到并点击 NB-IoT 物联网套件进入 NB-IoT 物联网套件管理页面；然后点击右上角添加产品按钮、自主填写产品名称、产品行业、产品类别、产品简介、联网方式选择 NB-IoT，设备接入协议选择 LwM2M 协议，操作系统选择无，网络运营商选择插入 NB 模组的 NB 卡对应的运营商即可。本系统创建的产品信息如图 7-34 所示。

图 7-34　系统创建的产品信息

产品创建后，OneNET 云平台自动给产品分配独特的产品 ID 和用户 ID，同时可以通过 access_key 使产品与 OneNET 数据可视化平台链接，access_key 下点击查看，会显示获取手机验证码，输入验证码之后可以获取 access_key，作为数据可视化与产品之间连接的凭证。

同时在产品页面也可查看设备接入数量以及数据点总条数，即接收到的上报消息数，因为云平台要获取终端设备的数据，所以共有一个设备接入来实现终端设备的获取。产品信息页面如图 7-35 所示。

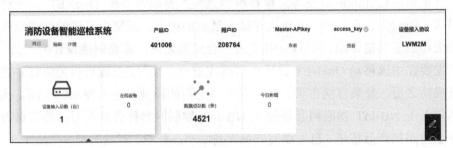

图 7-35　产品信息页面

2. 设备添加

产品创建完成之后，需要添加设备以获取终端设备的数据。从产品信息页面左侧点击设备列表进入设备管理页面，点击添加设备按钮，设备类型选择正式设备，填写设备名称、设备的国际移动设备识别码（International Mobile Equipment Identity，IMEI）和国际移动用户识别码（International Mobile Subscriber Identity，IMSI），开启自动订阅后，点击添加即可成功添加产品，然后点击设备详情即可进入设备信息页面，设备信息页面如图 7-36 所示。

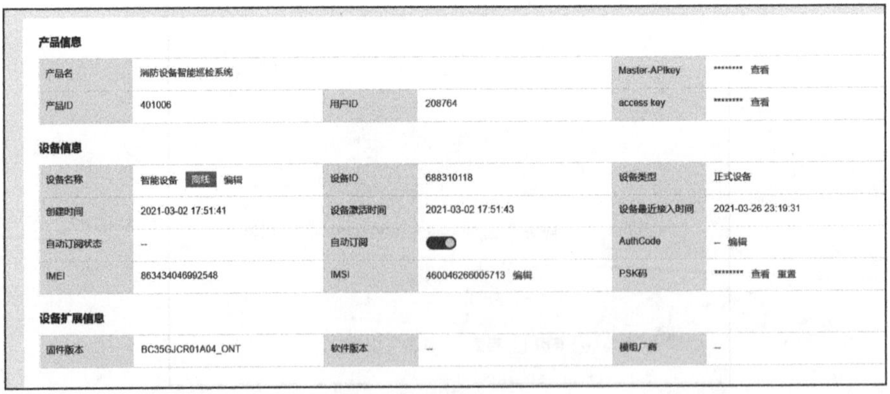

图 7-36　设备信息页面

3. 设备资源列表

设备添加之后，便可启动终端设备进行数据上报，点击设备信息页面上方的设备资源列表即可查看上报的数据，某传感器对象和属性如图 7-37 所示，我们可以通过点击读或写来下发读或写命令。

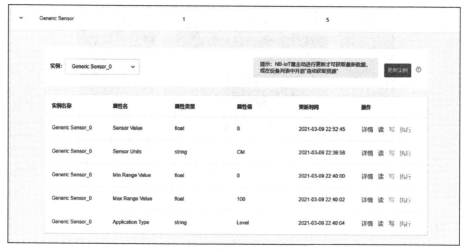

图 7-37　某传感器对象和属性

7.3.6　基于中国移动 OneNET 数据可视化

1．项目创建

在控制台页面，点击数据可视化 View 进入可视化项目页面，点击新建，2D 项目模版中选择空模板或其他模板，输入项目名称后进行创建，创建可视化项目如图 7-38 所示。

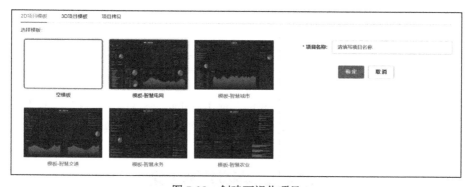

图 7-38　创建可视化项目

2．添加数据

项目创建完成后可以添加数据并展示，进入项目编辑页面，添加液位传感器、液压传感器、烟雾传感器和水浸传感器数据的操作方法如下。

（1）添加液位传感器数据

创建液位折线图如图 7-39 所示。

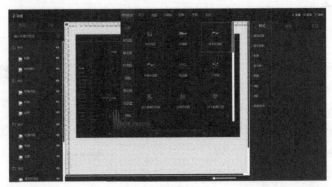

图 7-39　创建液位折线图

然后在右侧样式中的数据系列中添加系列 1，列字段名为 value，然后点击上方数据，点击管理数据源，并点击新增数据源，填写信息如图 7-40 所示。

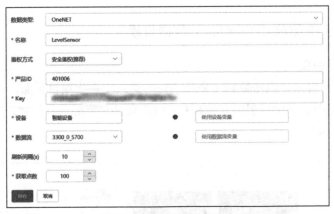

图 7-40　液位数据源信息

产品 ID 和 Key 为用户实际创建的产品 ID 和 access_key，保存后数据源选择液位数据源，然后添加并编辑液位过滤器，即可完成液位数据添加，液位过滤器关键代码如图 7-41 所示。

图 7-41　液位过滤器关键代码

（2）添加液压传感器数据

创建液压折线图，如图 7-42 所示。

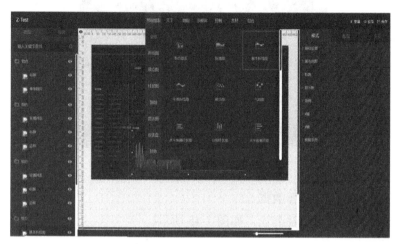

图 7-42　创建液压折线图

在右侧样式中的数据系列中添加系列 1，列字段名为 value，然后依次点击上方数据、管理数据源、新增数据源，填写液压数据源信息如图 7-43所示。

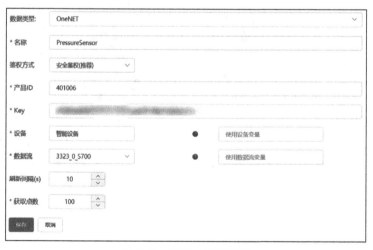

图 7-43　液压数据源信息

产品 ID 和 Key 为用户实际创建的产品 ID 和 access_key，保存后数据源选择液压数据源，然后添加并编辑液压过滤器，即可完成液压数据添加，液压过滤器关键代码如图 7-44 所示。

```
编辑数据过滤器                                    ?

              液压过滤器                          已保存


   function filter(data, rootData, variables){
 1     var result = [];
 2     data.forEach(function(point){
 3         result.push({
 4             x:point.at,
 5             value:point.value
 6         })
 7     })
 8     return result;
```

图 7-44　液压过滤器关键代码

（3）添加烟雾传感器数据

创建烟雾传感器轮播列表，如图 7-45 所示。

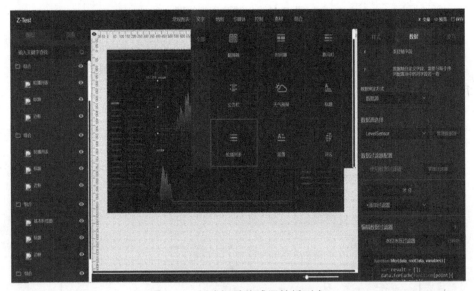

图 7-45　创建烟雾传感器轮播列表

在右侧样式中的自定义列中添加系列 1 和系列 2，系列 1 列字段名为 value，系列 2 列字段名为 at，然后依次点击上方数据、管理数据源、新增数据源，填写烟雾数据源信息如图 7-46 所示。

产品 ID 和 Key 为用户实际创建的产品 ID 和 access_key，保存后数据源选择烟雾数据源，然后添加并编辑烟雾传感器，即可完成烟雾数据添加，烟雾传感器关键代码如图 7-47 所示。

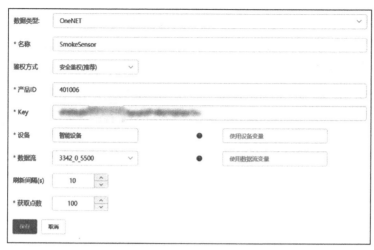

图 7-46　烟雾数据源信息

图 7-47　烟雾传感器关键代码

（4）添加水浸传感器数据

创建水浸传感器轮播列表，如图 7-48 所示。

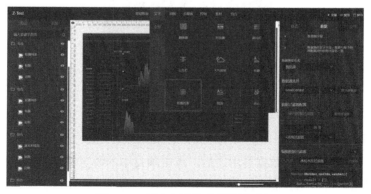

图 7-48　创建水浸传感器轮播列表

在右侧样式中的自定义列中添加系列 1 和系列 2，系列 1 列字段名为 value，系列 2 列字段名为 at，然后依次点击上方数据、管理数据源、新增数据源，填写水浸数据源信息如图 7-49 所示。

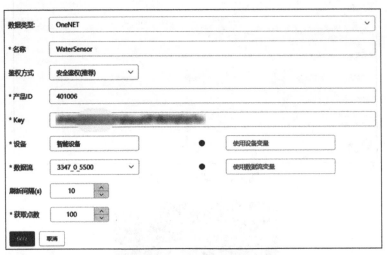

图 7-49　水浸数据源信息

产品 ID 和 Key 为自己实际创建的产品 ID 和 access_key，保存后数据源选择水浸数据源，然后添加并编辑水浸传感器，即可完成水浸数据添加，水浸过滤器关键代码如图 7-50 所示。

图 7-50　水浸传感器关键代码

3. 最终界面展示

在项目建立并添加数据展示之后，点击项目中的游览即可观察到数据可视化最终界面，可以从界面中清晰地了解到液位传感器、液压传感器、烟雾传感器和水浸传感器状态，如图 7-51 所示。

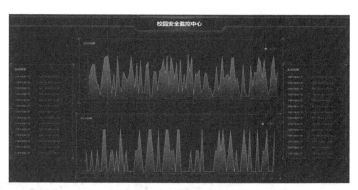

图 7-51　数据可视化最终界面

7.4　本章小结

　　本章介绍了 NB-IoT 3 个典型行业应用实战案例，包括智慧农业、智慧路灯和智慧安防实战。通过这些案例，全面地介绍了"端管云"联动的设计方法。

　　在智慧农业实例中，读者可以掌握温湿度传感器数据采集、模拟电机与 LED 灯控制，基于 Socket 通信的 NB-IoT 数传方法，基于 InfluxDB 和 Grafana 的数据存储与可视化云平台设计。在智慧路灯实例中，读者可以掌握光照传感器数据采集与模拟 LED 灯控制，基于 LwM2M 通信的 NB-IoT 数传方法，基于华为公有云 OceanConnect 的云平台设计方法。在智慧安防实例中，读者可以掌握液位、液压、水浸和烟雾 4 种传感器数据采集与模拟蜂鸣器控制，基于 LwM2M 通信的 NB-IoT 数传方法，基于中国移动 OneNET 公有云的云平台设计方法。

　　通过上述实例，读者可以针对应用需求灵活地选择"端管云"方案，打造物联网行业创新应用"端管云"联动平台。

7.5　参考文献

[1]　李道亮. 物联网与智慧农业[J]. 农业工程, 2012, 2(1): 1-7.

[2]　成开元, 廉小亲, 周栋, 等. 基于 NB-IoT 的城市智慧路灯监控系统设计[J]. 测控技术, 2018, 37(7): 19-22,77.

[3]　张忠孝. 中国安防行业发展新变化、新特征及未来发展趋势展望[J]. 中国安防, 2018(4): 22-33.

第8章

5G NR 端管云协同设计实战

8.1 5G NR 工业模组与主流开发上位机

5G NR 工业模组包括 5G NR 芯片及使其工作的外围电路、工业封装和增量开发的软件协议栈。通常,5G NR 工业模组通过集成的通用串行总线(Universal Serial Bus,USB)接口通信协议与微处理器进行双向数据传输。

华为是全球领先的 5G NR 工业模组厂商,随后主流模组品牌大厂纷纷开始发布同类产品。主流 5G NR 工业模组对比如表 8-1 所示。

表 8-1 主流 5G NR 工业模组对比

厂商	型号	尺寸	封装	频段	速率 D/U	上位机接口
华为技术有限公司	MH5000-31	52.0 mm× 52.0 mm× 4.5 mm	M.2	n1/n41/ n78/n79	2G bit/s、 230 Mbit/s	USB 3.0
移远通信技术股份有限公司	RM50xQ	52.0 mm× 30.0 mm× 2.3 mm	M.2	n1/n28/ n41/n78/ n79	2.5 Gbit/s、 550 Mbit/s	USB 3.1
芯讯通无线科技(上海有限公司)	SIM8200EA-M2	52.0 mm× 30.0 mm× 2.3 mm	M.2	n1/n28/ n41/n78/ n79	2.4 Gbit/s、 500 Mbit/s	USB 3.1

注:D 即 Downlink,下行链路;U 即 Uplink,上行链路。

与 5G NB-IoT 相比，5G NR 工业模组的通信接口速率非常高，需要配置高性能的开发上位机。工业产品中，一般采用 ARM 架构的 CPU 来驱动 5G NR 工业模组，表 8-2 中列出了当前面向 5G NR 应用开发的主流上位机平台对比。

表 8-2　面向 5G 应用开发的主流上位机平台对比

厂商	型号	操作系统	CPU	内存/GB	存储	AI 加速	成本
英伟达	Jetson Nano/ Xavier NX	Ubuntu（定制）	6 核 Carmel	8	可扩展	是	高
树莓派	Pi 4	Pi OS/OpenWrt	4 核 Cortex A72	1/2/4/8	可扩展	否	中
英特尔	NUC	Windows	桌面级 x86	4/8/16	可扩展	否	高

8.2　面向校园安全的 5G NR 实时视频流传输实战

8.2.1　应用背景

全球信息时代的到来和我国科技水平的飞速发展，把高等教育水平推上了新的高度，也把高校校园环境建设推向了新的高潮。开放式校园是未来高校校园环境建设的主流趋势。然而，开放式校园由于环境面积广、人流量大、人员结构复杂等因素，会带来无法快速识别人员身份或无法快速处理异常聚集等突发状况的问题。

为了保证广大师生的安全以及给大学生营造一个良好的环境，在开展大学校园安全保卫工作时，需要利用新一代信息技术提高校园安全监测的广度和深度，提高校园危险事件的识别准确率和响应速度。

目前，很多高校通过定点部署具有高清画质和较强图像识别能力的摄像头对校园环境进行监测。然而，如果要实现全校园无盲区监测，设备投入、施工和维护成本高昂；而且有些历史悠久的院校还需要考虑全面部署视频监控系统在施工时对人文生态环境的影响。

通过融合 AI 识别技术、5G 灵活移动和高速传输以及物联网云平台等多种技术优势，以物联网端管云协同为设计思想，在校园已有的安防系统基础上多加一层灵动的安保机制，可以更加高效、全面地保障校园安全，降低传统方案的软硬件投资和人力成本[1]。

8.2.2　系统框架

5G NR 实时视频流传输系统框架如图 8-1 所示。

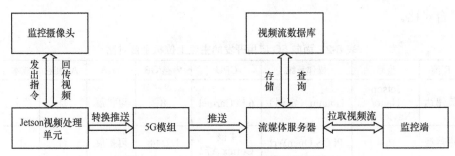

图 8-1　5G NR 实时视频流传输系统框架

本系统面向校园安全场景，通过具有高清图像感知能力的终端和边缘协同计算节点进行面部与聚集场景识别；利用 5G 高速能力，将实时视频流回传至云平台，采用三维数据可视化技术，实现对异常事件的监测、预警和告警，并协同安保人员与设备的指挥调度，快速响应校园安全事件。

8.2.3　功能设计

1．图像采集、处理与传输的硬件组成

图像采集、处理与传输的硬件组成如图 8-2 所示。

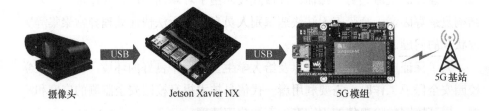

图 8-2　图像采集、处理与传输的硬件组成

（1）感知终端

感知终端采用摄像头用于实时采集图像，生成视频流。本节实战案例选用海康威视 DS-E11 USB 免驱摄像头，最大分辨率支持 720P。

（2）边缘计算

边缘计算节点选用英伟达 Jetson Xavier NX 开发者套件，它是一款功能强大的人工智能开发板，可为边缘系统提供强大的计算机性能，自带 4 个 USB 3.1 接口，可以支持连接 USB 摄像头和 5G 模组。

（3）5G NR 回传

5G 模组选用芯讯通无线科技（上海）有限公司的 SIM8200EA-M2 模组，采用微雪公司提供的模组开发板，通过 USB 接口与 Jetson 开发板连接。

2．图像采集、处理与传输的软件设计

（1）基于 OpenCV 视频流"拉转推"

在 Jetson 开发板上，运行如下 Python 代码。

```
# encoding: utf-8
import cv2
import subprocess as sp
# test 为具体的流名
rtmpUrl="rtmp://PingOS 服务器 IP 地址:推流串口号/live/test"
command=['ffmpeg',
        '-y',
        '-f', 'rawvideo',
        '-vcodec','rawvideo',
        '-pix_fmt', 'bgr24',
        '-s', "{}x{}".format(1280, 720),# 图片分辨率
        '-r', str(20.0),# 视频帧率
        '-i', '-',
        '-c:v', 'libx264',
        '-pix_fmt', 'yuv420p',
        '-preset', 'ultrafast',
        '-f', 'flv',
        rtmpUrl]
def getVideo_frame():
    vid = cv2.VideoCaptrue(0)
    return vid
def rstp_frame():
    cap = getVideo_frame()
    if not cap.isOpened():
        raise IOError("Couldn't open webcam or video")
    else:
        _, frame = cap.read()
```

```
        w,h = frame.shape[1],frame.shape[0]
        command[9] = "{}x{}".format(w, h)
    while True:
        if len(command) > 0:
            p = sp.Popen(command, stdin=sp.PIPE)
            break
        while cap.isOpened():
            _,frame = cap.read()
            p.stdin.write(frame.tostring())
if __name__ == '__main__':
    rstp_frame()
```

请注意，rtmpUrl 里的 PingOS 服务器 IP 地址、推流串口号需要参考下面"视频流服务器布署"中的 PingOS 服务器配置内容，用户可自定义 test 流名，但是拉流时需要与之对应。本节部分代码中，读者可根据实际情况加载 AI 图像识别算法，如人脸识别、人数识别、姿态识别等。推流实时日志如图 8-3 所示。

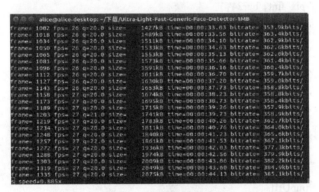

图 8-3 推流实时日志

（2）基于 Jetson 的 5G 模组拨号联网

步骤 1：下载并安装微雪公司提供的 5G 模组驱动脚本。

```
sudo apt-get install p7zip-full
wget "请读者至微雪官网查看地址"
7z x Sim8200_for_jetsonnano.7z -r -o./Sim8200_for_jetsonnano
sudo chmod 777 -R Sim8200_for_jetsonnano
cd Sim8200_for_jetsonnano
sudo ./install.sh
```

步骤 2：查看 5G 模组是否驱动成功。

使用命令"ifconfig -a"，查看是否已经生成 WWAN0 网卡，5G 模组驱动成功后生成网卡如图 8-4 所示。

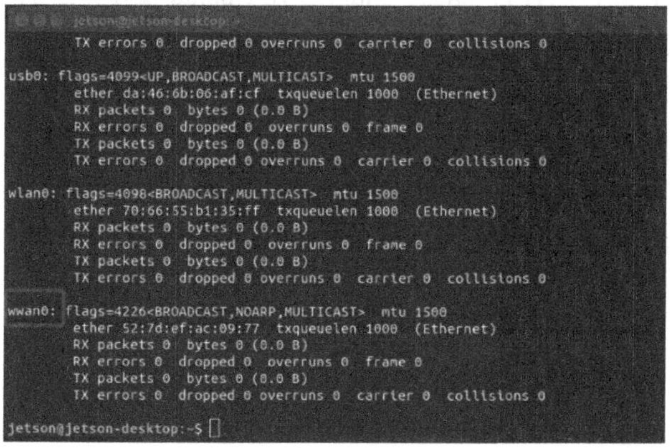

图 8-4　5G 模组驱动成功后生成网卡

步骤 3：5G 模组拨号联网。

cd Goonline

make

sudo ./simcom-cm

5G 模组拨号结果如图 8-5 所示。

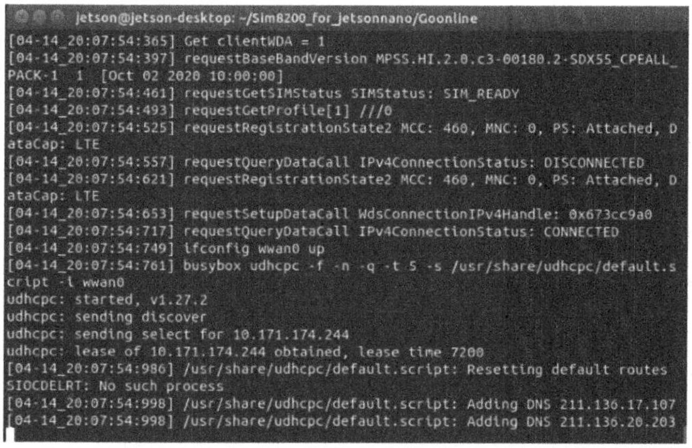

图 8-5　5G 模组拨号结果

3. 视频流服务器部署

视频流服务器选用 PingOS 开源方案，其基于 Nginx 服务器开发，会随着

Nginx 服务器的更新迭代及时更新到最新的 Nginx 版本。使用 PingOS 服务器的 hls、hls+、http-flv、http-ts、后台页面等功能可以轻松实现 HTTP、HTTPS 以及 HTTP1.0 和 HTTP1.1 等 HTTP 特性。换言之，基于 HTTP 的流媒体协议都能复用 Nginx 服务器的所有 HTTP 能力。PingOS 在 Ubuntu 操作系统的安装方法如下。

（1）下载源代码

```
git clone "请读者至 PingOS 官网查看地址"
```

（2）快速安装

```
cd pingos
./release.sh -i
```

（3）启动服务

```
cd /usr/local/pingos/
./sbin/nginx
```

（4）配置服务

编辑 "/usr/local.pingos/conf/nginx.conf"，具体配置内容读者可参考 PingOS 官网文档。

（5）重新加载配置文件

```
./nginx -s reload
```

4．Web 三维可视化设计

（1）基于 Web 的 FLV 实时流播放器

Flv.js 是基于 HTML5 的 Flash 视频（Flash Video，FLV）播放器。由哔哩哔哩（bilibili）开源，采用原生 JavaScript 开发，不需要 Flash 插件即可通过 Web 浏览器播放。

以下为 Flv.js 的播放器配置和时延优化代码。

```
play(val) {
    this.url = val;
    if(this.url != '' && this.radio) {
        this.player = document.getElementById('videoElement');
        if (flvjs.isSupported()) {
            var flvPlayer = flvjs.createPlayer({
                type: 'flv',
                "isLive": true,
                "hasAudio": false,
                url: this.url
```

```
    });

    flvPlayer.attachMediaElement(videoElement);

    flvPlayer.load(); //加载

    this.flv_start();

    //处理时延问题

    setInterval(() => {

        if (this.player.buffered.length) {

            let end = this.player.buffered.end(0);//获取当前 buffered 值

            let diff = end - this.player.currentTime;

            //获取 buffered 与 currentTime 的差值

            if (diff >= 0.5) {//如果差值大于或等于 0.5，则手动跳帧

                this.player.currentTime = this.player.buffered.end(0);

            }

        }

    }, 1000); //1000 ms 执行一次

    }

    }

}
```

（2）基于 ThingJS 的三维可视化

ThingJS 名称源于 Internet of Things 中的 Thing（物），意为面向物联网可视化开发的 Javascript 库，主要针对以一栋或多栋建筑所组成的园区级别的场景，可以应用于数据中心、学校、医院的仓储、安防等领域。

ThingJS 基于 HTML5 和 WebGL 技术，可方便地在主流浏览器上进行浏览和调试，支持 PC 和移动设备[2]。ThingJS 提供了对场景的加载、分层级的浏览，对象的访问、搜索，以及对象的多种控制方式和丰富的效果展示，可以通过绑定事件进行各种交互操作，还提供了摄像机视角控制、点线面效果切换、温湿度云图和界面数据展示等各种可视化功能。

利用 ThingJS 的内嵌网页功能来集成 FLV 播放器，加载实时视频流。

```
/**

* 说明：内嵌页面（ WebView ）

* 操作：点击按钮，查看效果

* 难度：★★☆☆☆

**/
```

```
var app = new THING.App({
    url: '…',
skyBox: 'Night'    // 设置天空盒
});
var webView01 = null;
//加载场景后执行
app.on('load', function () {
    // 设置摄像机位置和目标点
    app.camera.position = [26.862097978120318, 24.918262016265523,
    29.135890731272436];
    app.camera.target = [6.803471638309255, 7.493045382763202, -5.72761036839002];
    createHtml();
    createWebView();
});
/**
*创建内嵌页面
**/
function createWebView() {
    if (webView01 == null) {
        webView01 = app.create({
            type: 'WebView',
            url: 'http://bilibili.github.io/flv.js/demo/',
            position: [10, 13, -5],
            width: 1920 * 0.01,    // 3D 中实际宽度，单位：m
            height: 1080 * 0.01,   // 3D 中实际高度，单位：m
            domWidth: 1920,        // 页面宽度，单位：px
            domHeight: 1080        // 页面高度，单位：px
        });
    }
}
//以下脚本为例程提示说明专用
function createHtml() {
    var html =
```

```
"<div class="alert alert-warning warninfo3" role="alert" style="max-width: 530px;
color: #8a6d3b;background-color: #fcf8e3;border-color: #faebcc;position: absolute;
top: 50px;left: 50%;transform: translateX(-50%);z-index: 999;padding: 15px;
margin-bottom: 20px;border: 1px solid transparent;border-radius: 4px;">
5G NR 实时视频流传输实战
</div>';
$('#div2d').append($(html));
```

实时视频流与三维场景可视化演示效果如图 8-6 所示。

图 8-6　实时视频流与三维场景可视化演示效果

8.3　本章小结

本章介绍了目前主流的 5G NR 端管云协同设计工业模组和上位机选型。在面向校园安全的 5G NR 实时视频流传输实战案例中，读者可以掌握视频流数据采集与处理、5G NR 回传、搭建视频直播服务器和 Web 三维可视化方法。

通过上述实例，读者可以将校园扩展至通用园区场景，针对特定应用需求灵活选择"端管云"方案，打造 5G 视频行业创新应用联动平台。

8.4　参考文献

[1]　周向, 李薰春. 5G 网络音视频传输标准概述[J]. 数据与计算发展前沿, 2020, 2(4): 65-79.

[2]　赵长远. 基于 ThingJS 平台的资产管理系统设计[J]. 电脑知识与技术, 2019, 15(35): 59-60.

第9章

5G 物联网创新应用设计

9.1 远程电梯呼叫系统

本应用设计获得 2020 年全国大学生物联网设计竞赛全国一等奖。

9.1.1 应用背景

电梯控制系统正在逐步朝着智能化的方向发展。采用传统的呼叫电梯方式，用户步行到电梯口按下按键才能呼叫电梯，耗费时间较多。随着智能设备的普及、生活节奏的加快，人们越来越重视提高时间效率。在传统的电梯控制系统设计上，工程师主要致力于缓解乘梯拥堵的状况，以提高时间效率。但是这类方法存在一定的局限性，即电梯控制系统需要具有提前感知用户前往目的楼层的能力，或者电梯使用场景的乘梯方式具有稳定的特征规律。同时，由于用户需要在电梯周围呼叫电梯，系统对电梯负载的感知依然受时空限制。

本应用设计创新地利用了物联网设备功耗低、易安装的特点，将 NB-IoT 与蓝牙模块部署在电梯上，实现对电梯的实时监控与远程控制。该项目打破了传统的外招板和内招板的实体按钮呼叫电梯形式，用户可以使用便携式终端(如手机)自动感知所处楼层，并通过手机应用程序（App）或小程序呼叫电梯，使呼叫电梯更加便捷。同时，可以在手机上实时查看电梯运行状况（电梯所在楼层、运行方向等）。通过 NB-IoT 使电梯联网，云调度中心接管呼叫电梯数据，实现实时监控，降低维保成本。电梯联网这一概念也正是未来智慧城市的一部分，运用大数据与物联网等技术能够加速智慧城市的建设进程[1]。

9.1.2　功能设计

1. 终端设计

感知层流程如图 9-1 所示。

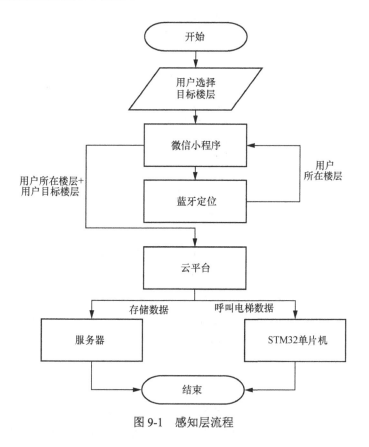

图 9-1　感知层流程

用户通过微信小程序实现远程呼叫电梯，小程序通过便携式终端的蓝牙功能定位用户所在楼层，在小程序和服务器连接之后，用户在小程序上选择目标楼层，小程序将获得的呼叫电梯数据（包括用户所在楼层和用户目标楼层）发送至云平台数据收发处理服务器并存储在数据库中，在云平台上实现对呼叫电梯数据和电梯运行状况的实时监控，同时云平台将呼叫电梯数据传输到 STM32 低功耗单片机，通过继电器控制对应楼层电梯门的开关。

2. 管道设计

传输层流程如图 9-2 所示。

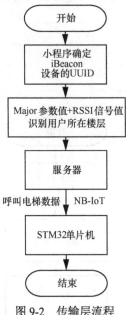

图 9-2　传输层流程

用户端小程序先确认 iBeacon 设备的通用唯一识别码（Universally Unique Identifier，UUID），确定后通过消息中的 Major 参数值识别用户所在楼层，通过接收信号强度指示（Received Signal Strength Indication，RSSI）信号值估计距离间接估计当前楼层，再通过 HTTP 发送给云端服务器。云平台数据收发处理服务器上的呼叫电梯数据通过 NB-IoT 传输至 STM32 低功耗单片机。

3. 云端设计

云平台设计流程如图 9-3 所示。

云平台数据收发处理服务器通过 NB-IoT 开发板接收电梯运行状况、电梯所在楼层，并用 MongoDB 非关系型数据库存储用户的呼叫电梯数据，包括用户所在楼层和用户目标楼层。单用户呼叫电梯和多用户呼叫电梯均可实现。云平台发送用户所在楼层数据到 NB-IoT 开发板，通过继电器激活用户所在楼层电梯对应外招板的按钮，模拟用户在电梯前按下按键。云平台通过分析计算，使电梯优先到达与电梯运行方向相符的用户所在楼层，接到用户之后，云平台发送对应用户的目标楼层数据到 NB-IoT 开发板，通过继电器激活内招板，电梯运行前往用户目标楼层。

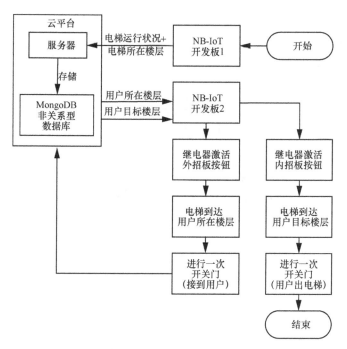

图 9-3　云平台设计流程

9.1.3　系统实现

本系统基于 NB-IoT "端管云"设计思想实现远程电梯控制。用户使用便携式终端（如智能手机等）的微信小程序页面选择需要前往的楼层，小程序后台扫描候梯处的蓝牙广播信号，通过信号中携带的楼层指示和信号强度定位识别用户所在楼层，并将用户楼层和目标楼层发送至云电梯监控与控制平台，将呼叫电梯数据存储在数据库中。云平台数据收发处理服务器将新的用户请求（包括用户目标楼层和用户所在楼层）数据发送给电梯控制终端，并将电梯所在楼层和电梯运行状况发送给服务器。服务器将电梯运行状况发送至小程序，在用户的便携式终端上显示。整套流程使用便携式终端进行呼叫电梯，从而实现无接触式呼叫电梯，用户呼叫电梯示意如图 9-4 所示。

1．云调度模块

用户呼叫电梯演示模型如图 9-5 所示。

每层电梯的候梯处均配置有相应的蓝牙模块。小程序后台在蓝牙覆盖范围内扫描候梯处的蓝牙广播信号，定位获取用户所在楼层并发送至云平台数据收发处理服务器。若用户在呼叫电梯时与电梯的距离过远或者用户手机没有打开蓝牙功能，那么服务器将默认用户所在楼层为上次用户到达的目标楼层。

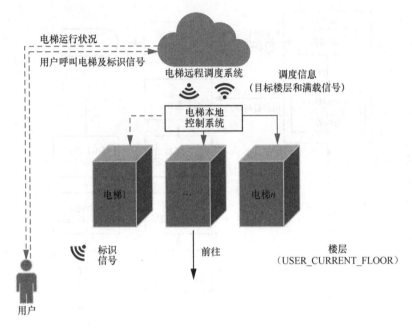

图 9-4 用户呼叫电梯示意

图 9-5 用户呼叫电梯演示模型

2．用户小程序端

用户呼叫电梯小程序界面如图 9-6 所示。

图 9-6　用户呼叫电梯小程序界面

　　用户呼叫电梯小程序界面上显示呼叫电梯时对应的日期和实时时间、电梯运行状况（Direction，包括向上、向下、停止、上行中和下行中）、用户所在楼层（User Floor）、电梯当前楼层（Elevator Floor），界面上的数据在短时间内从服务器获取并实时刷新，实现电梯运行过程同步显示。

　　具体操作如下：用户打开小程序，在输入用户名和密码之后，即可开始呼叫电梯。用户在小程序上按下目标楼层按键后，选择"CALL ELEVATOR"呼叫电梯。电梯经过服务器中转后响应了小程序上的呼叫电梯请求，激活了用户所在楼层的外招板信号，完成一次开关门，模拟用户进入电梯之后，激活电梯内招板信号，使电梯搭载用户前往用户目标楼层。当用户到达目标楼层时，小程序界面上的内招信号就会取消。在此过程中，电梯运行状况、用户所在楼层、电梯当前楼层均在小程序上实时更新。

3．电梯控制模块

用户呼叫电梯电梯控制演示如图 9-7 所示。

　　在图 9-7 中，左侧的开发板用于电梯实时状况的监测，通过从电梯原有的控制板中采集得到电梯的运行状况和电梯所处楼层，并通过 NB 模组将数据发送至服务器。右边的开发板通过 NB 模组与服务器进行通信，控制继电器开关的闭合从而激活电梯对应的按钮，实现无接触式呼叫电梯。每个继电器连接对应电梯楼层的内招板和外招板的信号。

图 9-7　用户呼叫电梯电梯控制演示

9.2　人–物协同一体化管理系统

本应用设计获得 2020 年全国大学生物联网设计竞赛华东赛区一等奖。

9.2.1　应用背景

在生活中人们经常会出现忘记携带随身物品的情况。这些情况都来源于人与物品没有建立一个相互反馈的机制。因此，本系统可以为用户从物理绝对的角度上验证随身物品的合理性与完整性。经调查，现有成熟技术主要聚焦于仓库物料管理系统、物流管理系统、供应链管理系统、无人超市管理与运营系统、档案管理系统、衣橱管理系统等，并没有针对上述矛盾点对应的情景进行优化[2]。

9.2.2　功能设计

1. 终端与管道功能设计

为使物品能够被感应识别，需要设计硬件模块并与云系统进行信息交互。硬件设备具有以下主要功能。

① 能获取感应范围内的标签数据，并进行完整性校验，实现将物品录入管理系统以及对出行前随身物品的验证。

② 能将标签数据上传至云端，实现将硬件端收集到的数据上传至服务器相应端口。

③ 能将数据写入标签，可将用户信息以及用户主观上对该物品的定义写入标签中。

2. 云系统功能设计

云系统是硬件端与客户端数据交互的桥梁，并为用户管理物品、管理分组、管理出行方案提供云端支持。

云系统具有以下主要功能。

① 向硬件端的数据传输提供接口，根据协议规范与硬件进行数据接收与命令下发，并能正确解析。

② 向客户端数据传输提供接口，根据 API 规范与客户端进行数据交互。

③ 根据用户操作更新数据库，可实现物品录入、分组管理、方案验证。

④ 对数据进行处理与比较，判断用户当前检测的物品是否符合计划。

⑤ 提供多层次的物品分组管理服务。多层次的物品分组是基于物品与分组间多对多的关系，在用户使用多层次的物品分组管理功能时可将每个层次的物品信息进行融合并去除重复信息，整合于一个出行方案。

3. 客户端功能设计

客户端是用户进行操作的一端，为用户提供友好的用户界面（User Interface，UI）与交互设计，方便用户进行物品管理。

客户端具有以下主要功能。

① 提供录入物品信息的图形化界面，用户可在该应用上方便地添加物品信息。

② 提供物品多层次分组整理的图形化界面，用户可在该应用上方便地对每个物品进行多层次分组管理。

③ 提供出行方案选择验证的图形化界面，用户可在该应用上方便地实现非接触式物品感应以及直观显示验证结果。

9.2.3　系统实现

1. 感知终端与管道传输

感知层硬件框架如图 9-8 所示。

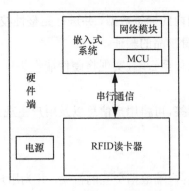

图 9-8　感知层硬件框架

在固定式应用场景中使用读卡距离 0～6 m 的超高频远距离读卡器，频率范围为 902.6～927.4 MHz，支持 ISO18000-6C 指令，支持 RS232、RS485、韦根等多种用户接口，支持自动方式、交互应答方式、触发方式等多种工作模式；嵌入式系统选择板载核心 STM32L431 的最小系统；网络模块选用 BC28 NB-IoT 无线通信模组。内置 UDP、CoAP、LWM2M、MQTT 协议、TCP 等协议栈。在本系统中使用 UDP。UDP 开销小、带宽利用率较高，本系统通过服务层进行设备管理并保障传输的可靠性。

2．传输层

系统数据传输整体框架如图 9-9 所示。

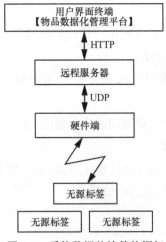

图 9-9　系统数据传输整体框架

传输层使用了窄带物联网 NB-IoT。在本系统的移动场景中的便捷式硬件设计采用此技术可降低硬件功耗，提升用户体验。

3. 云端控制

云端控制实现了物品管理的功能，服务器体系架构如图 9-10 所示。

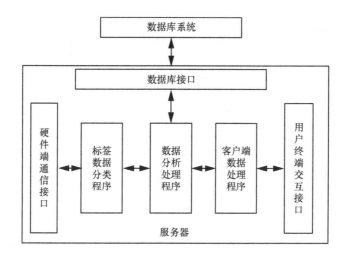

图 9-10　服务器体系架构

① 硬件端通信接口用于建立与硬件端进行数据交互的网络接口，实现服务器的数据接收与下发。

② 标签数据分类程序用于将不同用户硬件端的上行的标签数据进行分类，便于进行数据库的更新以及为每个用户提供精准可靠的物品管理服务。

③ 数据分析处理程序可对每个标签的数据进行分析与有效性验证，并从中提取出标签的 ID，然后将处理后的数据打包传至数据库接口以更新数据库。

④ 数据库接口可实现在数据库中进行添加数据、查询数据、修改数据、数据排序、删除数据等操作。

⑤ 客户端数据处理程序作为客户端与服务端交互的重要组成部分，可将用户在客户端操作的信息转化为相关指令，调动上述组件进行相关工作，而上述组件所产生的数据也可通过服务端数据处理程序转化为与用户交互的数据，并通过交互接口传送至客户端。

⑥ 用户终端交互接口定义了前后端数据交互的规范，其验证分组的有效性，然后进行数据格式的转化，便于上述各组件使用。

4. 云端应用

云应用前端使用 HTML/CSS/JavaScript，采用前后端分离的方式完成开发。前端结构设计和运行界面分别如图 9-11 和图 9-12 所示。

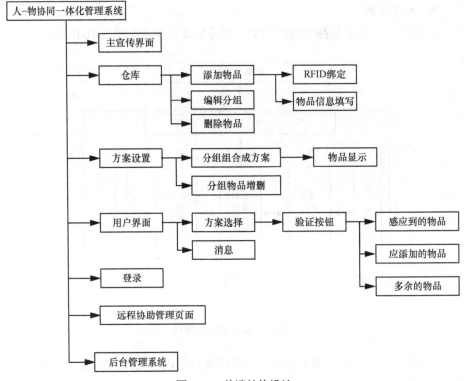

图 9-11　前端结构设计

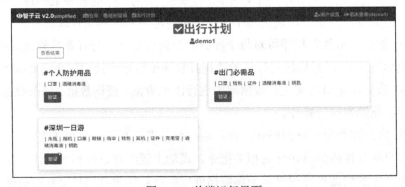

图 9-12　前端运行界面

9.3　本章小结

本章介绍了 NB-IoT 在 2020 年全国大学生物联网设计竞赛中获奖的两个行

业应用实战案例，包括远程电梯呼叫系统和人–物协同一体化管理系统。为读
者进行基于 NB-IoT 的创新应用设计提供参考。

9.4　参考文献

[1]　宁磊，洪启俊，余聪莹，等. 一种远程电梯呼叫方法及系统：201911351723.5[P].
　　　2020-04-10.

[2]　宁磊，林昕泽. 基于无源 RFID 的物品管理方法及系统: 202011525002.4[P]. 2021-03-26.